国家中等职业学校示范建设课程改革创新系列教材
中职中专计算机应用专业系列教材

影视后期制作实例

吴万明　周朝强　主　编
李希梅　罗　颖
李　娟　任小琼　副主编
周开阳　主　审

科学出版社
北　京

内 容 简 介

本书讲述了数字音影合成技术从“素材管理”到“成片制作”的整个过程，全书共分6个项目，21个任务。本书详细讲述了影视后期制作设备、常用软件premiere pro cc和Adobe Effects cc、影视素材管理、影片剪辑与编辑、影视特效应用、音频音效处理及影视短片制作等知识点。每个知识点都用一个对应的项目来讲述，使读者能在完成项目实例的制作后，掌握影视后期制作各个环节的操作技能。

本书既适用于中职学校计算机专业数字媒体方向的基础教材，计算机多媒体技术培训技术教材，也可作为广大多媒体制作爱好者的自学教材。

图书在版编目(CIP)数据

影视后期制作实例/吴万明，周朝强主编. —北京：科学出版社，2014
（国家中等职业学校示范建设课程改革创新系列教材·中职中专计算机应用专业系列教材）

ISBN 978-7-03-040428-2

Ⅰ. ①影… Ⅱ. ①吴… ②周… Ⅲ. ①图像处理软件-中等专业学校-教材 Ⅳ. ①TP391.41

中国版本图书馆CIP数据核字（2014）第075067号

责任编辑：王 琳 / 责任校对：王万红
责任印制：吕春珉 / 封面设计：耕者设计室

科学出版社 出版
北京东黄城根北街16号
邮政编码：100717
http://www.sciencep.com

北京虎彩文化传播有限公司 印刷

科学出版社发行 各地新华书店经销

*

2014年6月第 一 版 开本：787×1092 1/16
2021年7月第五次印刷 印张：10 3/4 插页3
字数：250 000

定价：29.00元

（如有印装质量问题，我社负责调换〈虎彩〉）
销售部电话 010-62134988 编辑部电话 010-62135741（HF02）

前　言

随着数字技术的发展，以计算机为主导的高科技设备已进入社会生活的各个领域。在影视娱乐领域中，数字电影、数字音频节目已进入人们的生活，影视节目的制作技术发生了惊人的变化，以 Adobe Premiere Pro CC 和 Adobe After Effects CC 为代表的数字音频编辑软件和影视特效制作软件成为人们编辑数字影视节目的首选工具。因此，对即将毕业的中职学校计算机专业学生而言，掌握影视节目的编辑技术和影视特效制作技术十分重要。

本书旨在帮助读者轻松学习数字音影合成技术从“素材管理”到“成片制作”的整个过程。全书采用项目引领、活动（实践操作）实施来讲述影视后期制作各阶段的知识点和技能点，主要有以下特色。

1）适合教学的体例结构：本书采用的是“总—分—总”形式的总体结构和“前期创意—实现过程”的项目结构。

2）实例先行：本书每个项目都是一个完整的实例，同时每个实例代表影视后期制作的一个方面的知识和技能。

3）知识技能相伴随行：本书在讲述实例的同时，以“知识窗”的方式讲述了相关操作技能和知识，是本书的关键知识点。

4）“知识链接”能够拓展读者的视野：本书的每个项目都恰当地给了读者影视方面的相关知识链接，包括电影的发展简史、影视创作人、影视配音制作人及电影失误等相关知识。一方面，让读者开拓视野、激发其学习兴趣；另一方面，让读者更加了解影视行业的术语和相关知识。

5）本书配有相关电子资源包。

本书是在行业专业人员参与指导、提供素材和编写思路的基础上编写的教材。编者在编写本书的过程中得到了重庆市知名影视企业——重庆北方影视传媒有限公司的大力支持，特别是周开阳总经理的编写指导和技术支持及董小红的技术指导，在此表示衷心感谢。

本书由重庆市九龙坡职业教育中心的教师编写，具体分工如下：罗颖负责编写项目 1，任小琼负责编写项目 2，李娟负责编写项目 3，周朝强负责编写项目 4，李希梅负责编写项目 5，吴万明负责编写项目 6。全书由吴万明完成统稿和初审工作。由于编者水平有限，加之时间仓促，书中难免存在不足之处，欢迎广大读者批评指正。

编　者

2014 年 2 月

前言

彩图1　背景（项目4任务4.2　P70）

彩图2　步骤二效果（项目4 任务4.2　P72）

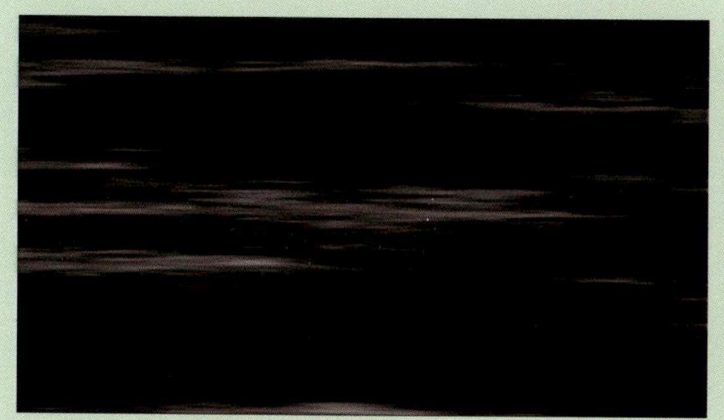
彩图3　步骤三效果（项目4 任务4.2　P72）

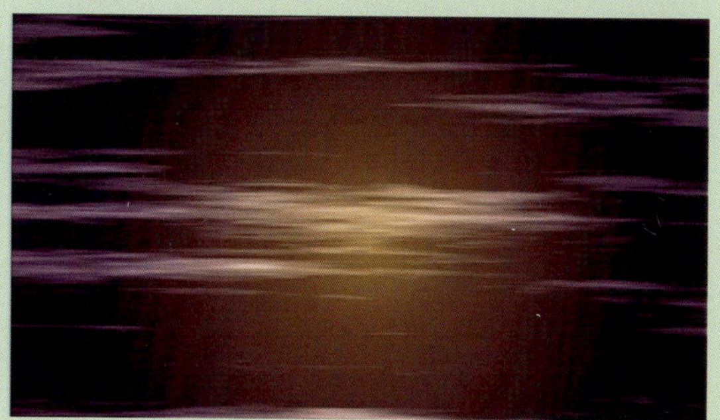
彩图4　步骤四效果1（项目4 任务4.2　P73）

彩图5　步骤四效果2（项目4 任务4.2　P73）

彩图6　步骤四效果3（项目4 任务4.2　P73）

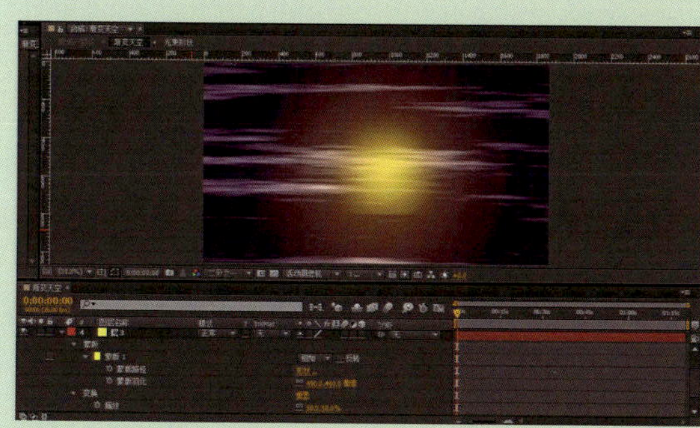
彩图7　步骤五参数设置及效果（项目4 任务4.2　P73）

彩图8　步骤六效果（项目4 任务4.2　P74）

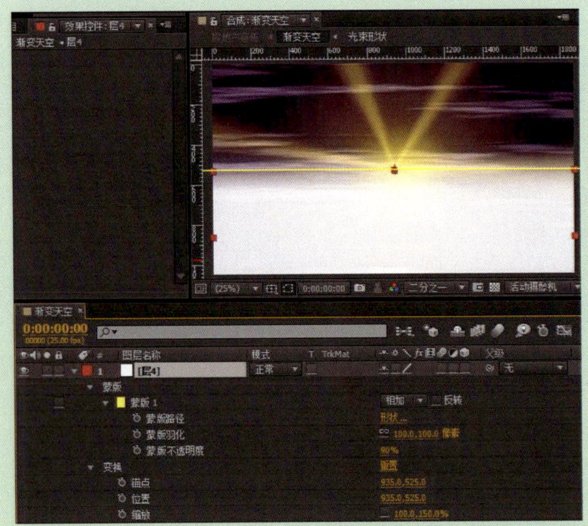

彩图9　步骤七参数设置及效果（项目4 任务4.2　P74）

彩图10　步骤三效果（项目4 任务4.3　P76）

彩图11　粒子背景（项目4 任务4.3　P83）

彩图12　步骤三效果（项目4 任务4.4　P87）

彩图13　步骤二效果（项目4 任务4.5　P90）

彩图14　0s时的效果（项目4 任务4.5　P91）

彩图15　1s时的效果（项目4 任务4.5　P91）

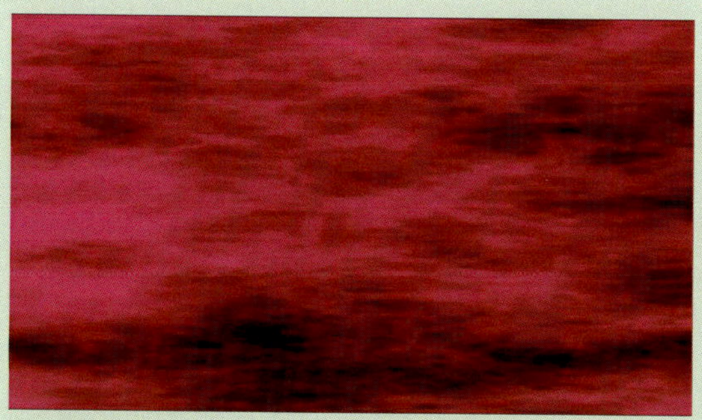

彩图16　2s时的效果（项目4 任务4.5　P91）

彩图17　0:00:00:00时的效果（项目4 任务4.5　P91）

彩图18　0:00:02:16时的效果（项目4 任务4.5　P91）

彩图19　0:00:05:00时的效果（项目4 任务4.5　P91）

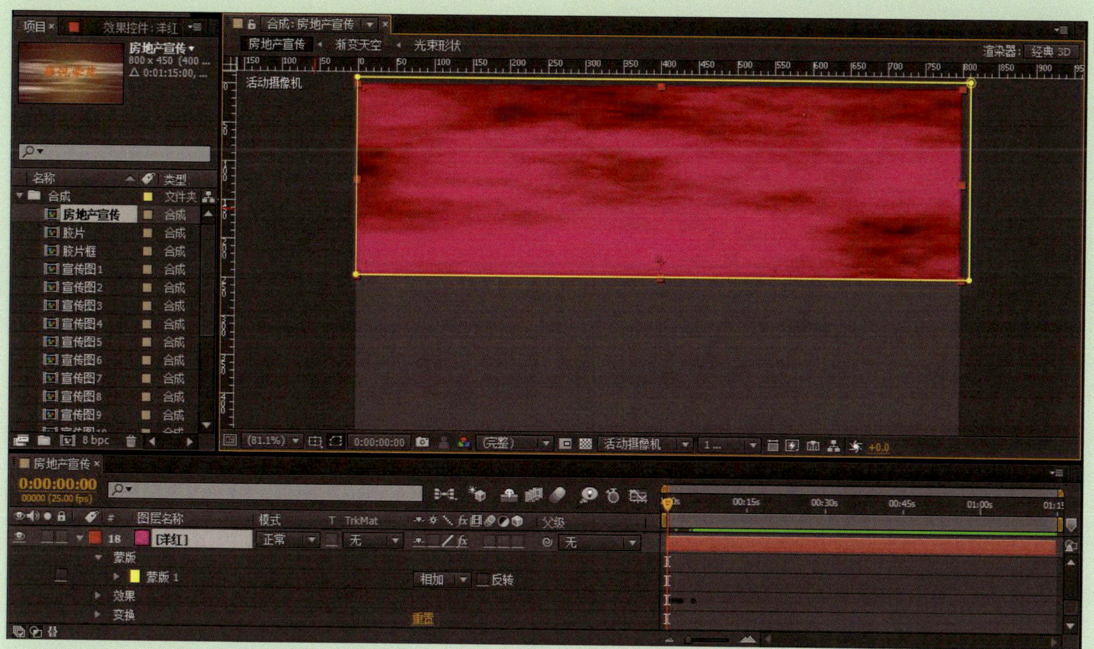

彩图20　绘制蒙版（项目4 任务4.5　P91）

彩图21　步骤六效果（项目4 任务4.5　P91）

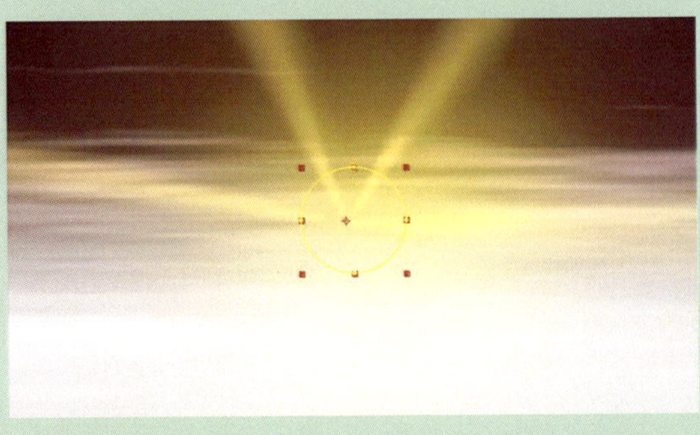

彩图22　步骤七效果（项目4 任务4.5　P92）

彩图23　0:00:00:10时的效果（项目4 任务4.5　P92）

彩图24　0:00:00:23时的效果（项目4 任务4.5　P92）

彩图25　0:00:00:20时的效果（项目4 任务4.5　P92）

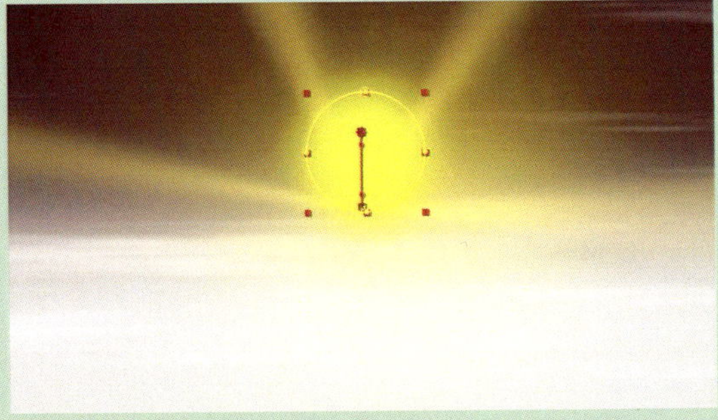

彩图26　0:00:02:00时的效果（项目4 任务4.5　P92）

彩图27　“梯度渐变”设置（项目4 任务4.5　P92）

彩图28　步骤十效果（项目4 任务4.5　P92）

彩图29　片头截图（项目6 任务6.4　P144）

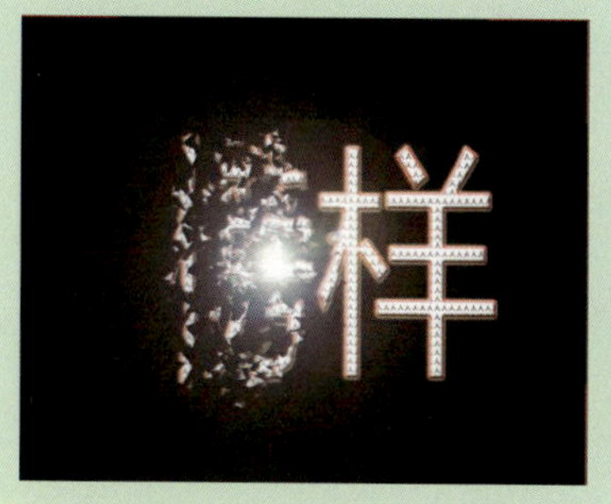

彩图30　片尾截图（项目6 任务6.4　P144）

彩图31　步骤二效果（项目6任务6.4　P145）

彩图32　步骤四效果（项目6 任务6.4　P145）

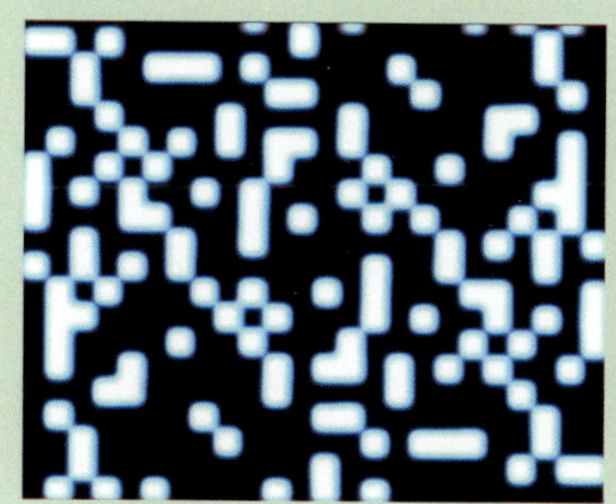

彩图33　步骤五效果（项目6 任务6.4　P145）

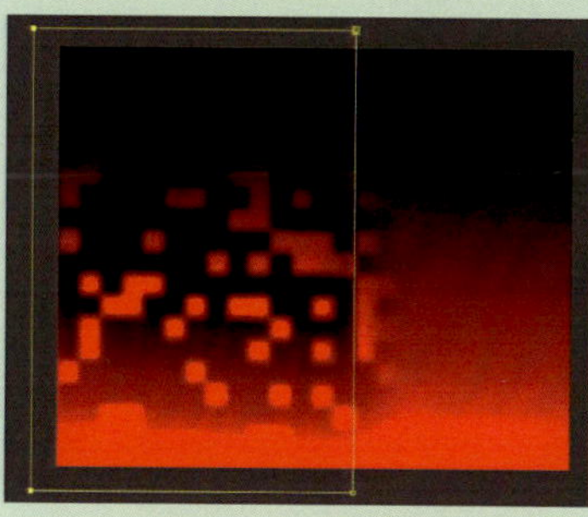

彩图34　步骤六效果（项目6 任务6.4　P146）

彩图35　预览动画（项目6 任务6.4　P147）

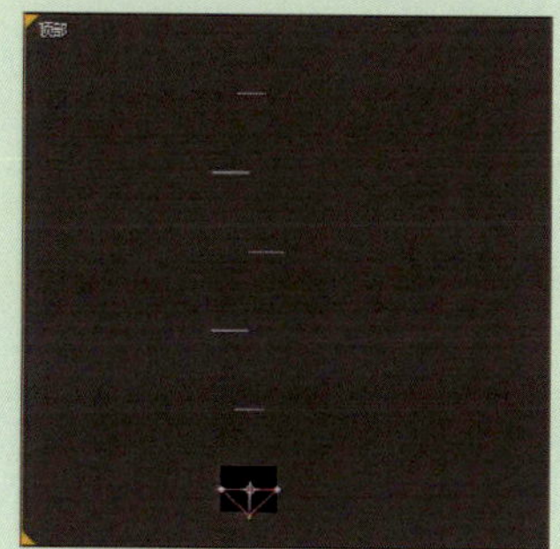

彩图36　顶部视图（项目6 任务6.4　P147）

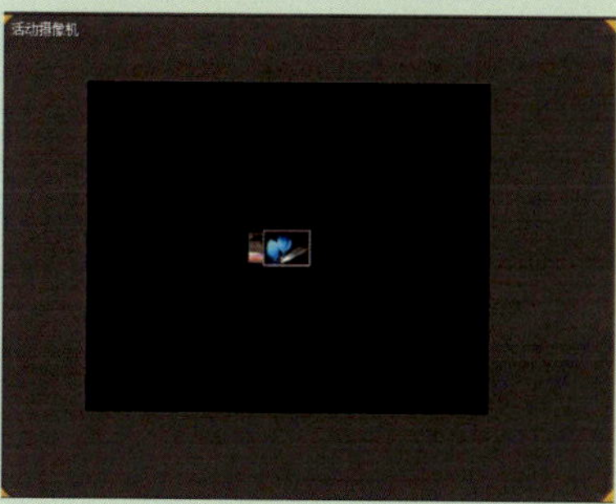

彩图37　活动摄像机视图（项目6 任务6.4　P147）

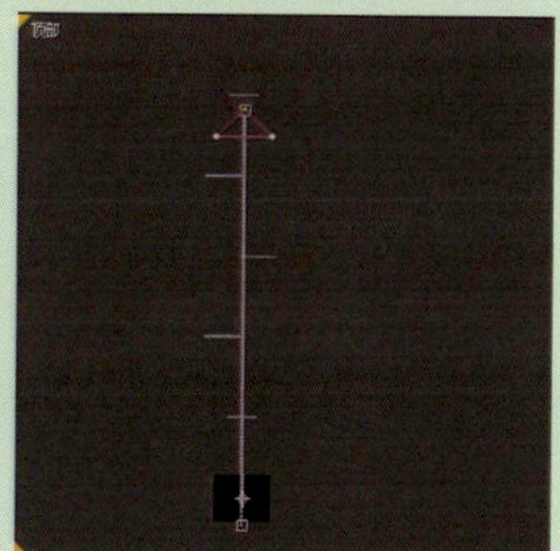

彩图38　4s时的顶部视图（项目6 任务6.4　P147）

彩图39　0:00:01:13时的动画效果
（项目6 任务6.4　P149）

彩图40　步骤二效果（项目6 任务6.4　P151）

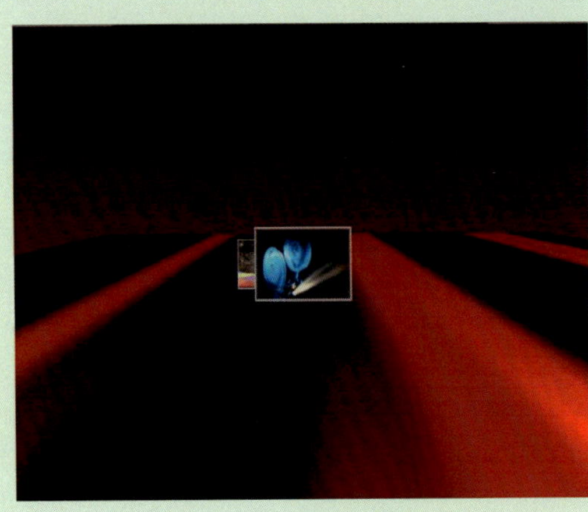

彩图41　影片合成输出的效果
（项目6 任务6.5　P153）

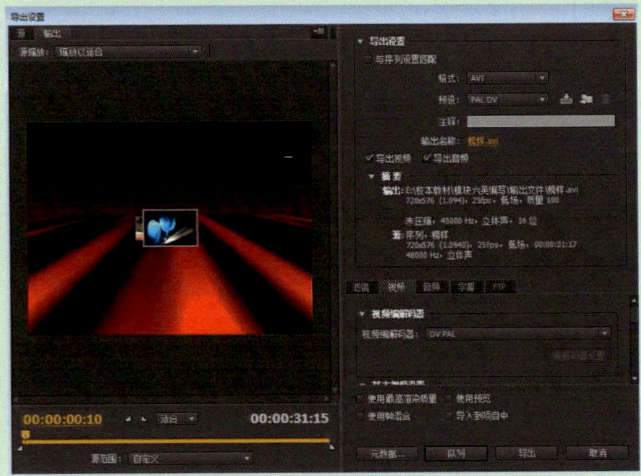

彩图42　“导出设置”对话框
（项目6 任务6.5　P158）

影视后期制作实例

目　录

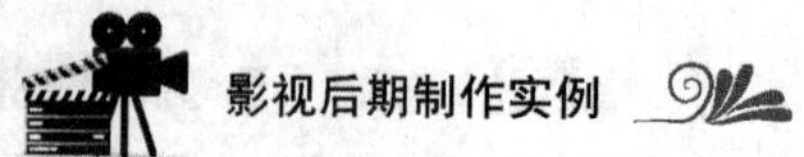

项目 1
影视后期揭秘

项目介绍

羡慕“降龙十八掌”、“六脉神剑”的威力吗？妒忌屏幕上的刘德华精通多国语言、成龙打遍天下无敌吗？其实这都是影视制作坊利用计算机技术——影视后期完成的杰作。影视后期制作就是对拍摄完的影片或者软件做动画，进行后期处理，加特效、加文字、并为影片制作声音等，使其形成完整的影片。后期软件可以分为平面软件、合成软件、非线性编辑软件、三维软件。

教学目标

1．了解影视节目的制作流程。

2．了解影像后期合成的常用软件。

3．掌握 Adobe Premiere Pro CC 的常用方法。

4．掌握 Adobe After Effects CC 的常用方法。

任务 1.1　走进影视后期工作室

【工作任务】

本任务将带领大家走进“影视后期工作室”，了解影视节目的制作过程及影视后期合成的常用软件。

【任务目标】

1．了解影视节目的制作过程。
2．了解影视后期的工作流程。
3．了解影视后期常用的合成软件。
4．掌握 Adobe Premiere Pro CC、Adobe After Effects CC 的常用方法。

1.1.1　影视节目的制作过程

影视节目创作是技术与艺术的结合，通常影视节目的制作过程包括三个阶段：构思创作阶段、拍摄阶段和后期制作阶段。

第一阶段：构思创作阶段

影视节目的构思创作阶段主要是策划和准备阶段，包括主题研究、分镜头脚本的撰写、拍摄计划的制订、现场录制等工作。

第二阶段：拍摄阶段

影视节目的拍摄阶段主要是指利用摄影机或摄像机记录画面的过程，同时也包含演员排练、工作人员配置、拍摄场地准备、拍摄设备准备等工作，如图 1-1 所示。

图 1-1　现场拍摄

第三阶段：后期制作阶段

影视节目的后期制作就是利用实际拍摄到的素材，通过三维动画和合成手段制作特效镜头，然后把镜头剪辑到一起，形成完整的影片，并为影片制作声音等。这个过程所需设备如图 1-2 所示。

图 1-2　后期制作所需设备

问题

1. 影视节目的制作过程中，三个阶段的顺序可以颠倒吗？
2. 你认为最费时间是________阶段，最费资金是________阶段。

1.1.2　影视后期制作过程

影视后期制作过程也可分为三个阶段：制作前准备阶段、节目剪辑阶段、节目包装阶段。

第一阶段：制作前准备阶段

在拿到通过摄像机（图 1-3）、磁带（图 1-4）拍摄好的原始素材后，要筛选出自己需要的镜头，在筛选素材的同时收集需要用到的旁白、音乐等，以便后面的制作能够顺利进行。

图 1-3　摄像机

图 1-4　磁带

第二阶段：节目剪辑阶段

在仔细观看完素材后，就可以利用计算机非编系统（图 1-5）及非线性编辑软件（图 1-6）进行剪辑。在剪辑的过程中，根据对片子整体的把握，在需要特技镜头的地方利用 Adobe After Effects CC 来做镜头的合成。在 Adobe Premiere Pro CC 与 Adobe After Effects CC 的配合使用下完成粗剪，输出最初成片。

图 1-5　计算机非编系统

图 1-6　非线性编辑软件

第三阶段：节目包装阶段

在节目剪辑阶段输出最初成片后，根据片子的整体风格，利用后期合成编辑系统硬件（图 1-7）和相关的软件技术，如三维动画技术来对影片中具体的镜头进行细致的美化。同时，影片片头片尾的制作也属于节目包装的范畴。

(a)

(b)

图 1-7　后期合成编辑系统硬件

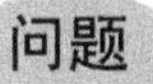

到目前为止，你接触过哪些影视后期制作设备？

1.1.3 影视后期常用软件

1. 视频剪辑软件

（1）Adobe Premiere Pro CC

Adobe Premiere Pro CC 是一款常用的视频编辑软件，由 Adobe 公司推出，编辑画面质量比较好，具有较好的兼容性，且可以与 Adobe 公司推出的其他软件相互协作，如图 1-8 所示。目前这款软件广泛应用于广告制作和电视节目制作中。

（2）EDIUS Elite7

EDIUS Elite7 是专为广播和后期制作环境而设计，主要用于无带化视频制播和存储，如图 1-9 所示。EDIUS Elite7 拥有完善的基于文件工作流程，提供了实时、多轨道、多格式混编、合成、色键、字幕和时间轨输出功能。

图 1-8　Adobe Premiere Pro CC

图 1-9　EDIUS Elite7

2. 影视特效合成软件

（1）Adobe After Effects CC

Adobe After Effects CC（图 1-10）是由 Adobe 公司开发的特效合成软件，是一个灵活的基于层的 2D 和 3D 后期合成软件，包含了上百种特效及预置动画效果，主要用于制作电视节目包装。

图 1-10　Adobe After Effects CC

（2）3D Studio Max

3D Studio Max 是基于个人计算机系统的三维动画渲染和制作软件。首先开始运用于网络游戏中的动画制作，后更进一步参与影视片的特效制作，如电影《僵尸新娘》（图 1-10）、《X 战警 II》（图 1-12）等。

图 1-11　《僵尸新娘》截图

图 1-12　《X 战警 II》截图

问题

上网查一查电影《阿凡达》、《泰坦尼克号》、《最终幻想》的影视后期是用哪种软件完成的。

【任务测试】

1．简述影视节目的制作过程。

2．简述影视后期的工作过程。

3．简述影视后期常用的合成软件及软件的功能。

【知识链接】

电影技术发展简史
——从默片到有声电影

默片，是指无声电影，但在其鼎盛时代也常常有音乐或者声效相伴。世界上第一部无声电影是法国卢米埃尔的《工厂大门》。

1895年12月28日，法国卢米埃尔兄弟俩在一家咖啡馆里公开放映了《工厂大门》、《火车进站》等影片，后来这一天被电影史确定为电影诞生日。《工厂大门》可称第一部广告宣传片，记录了下班工人走出工厂大门，骑车的、走路的，一幅自然真实的景象。

1926年，第一部有声影片《唐璜》（图1-13）问世，其中仅包含一些简单的声音。真正的有声电影诞生的标志是《爵士歌王》，台词是“等一会儿，等一会儿，我告诉你，你不会什么也听不到的”。

图1-13　电影《唐璜》截图

随着科技的发展，电影中的对白、歌舞也逐渐增多，电影从无声时代走向了有声时代。

任务 1.2 认识 Adobe Premiere Pro CC

【工作任务】

利用 Adobe Premiere Pro CC 软件完成“春暖花开”的简单视频制作。

【任务目标】

1．了解 Adobe Premiere Pro CC 软件的窗口。

2．掌握 Adobe Premiere Pro CC 软件的音视频编辑操作流程。

1.2.1 分析制作目标

打开“配套电子资源包/项目 1/任务 1.2/春暖花开.avi”文件，图 1-14 是该视频的几个画面截图。

(a) (b) (c) (d)

图 1-14 春暖花开

问题

本片中的三段视频有什么联系？

1.2.2　制作“春暖花开”视频

知识窗

Adobe Premiere Pro CC 工作界面

在编辑素材的过程中，可以通过执行 Adobe Premiere Pro CC 窗口中的各种命令来完成一些操作，从而达到自己满意的效果。图 1-15 所示为 Adobe Premiere Pro CC 的窗口。

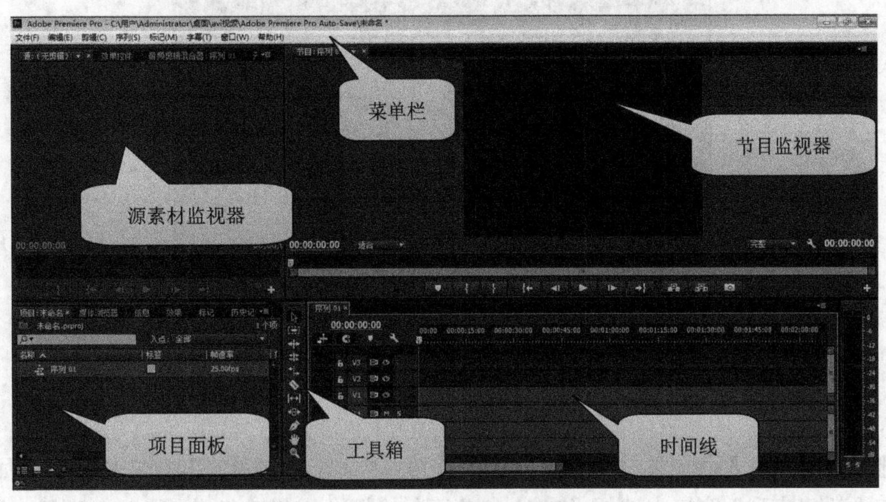

图 1-15　Adobe Premiere Pro CC 的窗口界面

1. 新建项目文件

步骤一：启动 Adobe Premiere Pro CC 软件，弹出“欢迎使用 Adobe Premiere Pro”对话框，单击“新建项目”按钮，新建一个项目文件，如图 1-16 所示。

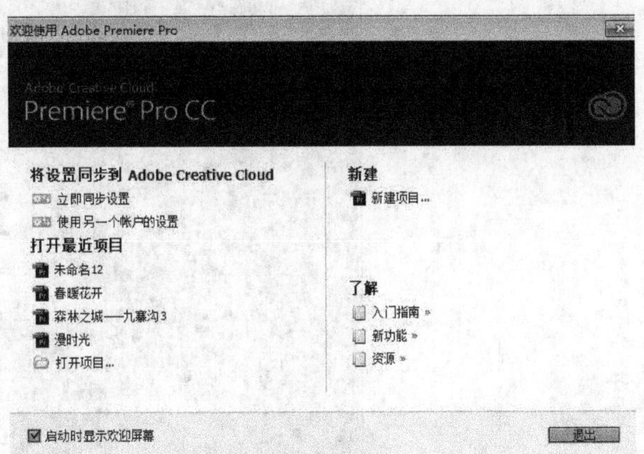

图 1-16　新建项目文件

步骤二：单击“新建项目”按钮后弹出“新建项目”对话框，在“名称”项中输入所建项目文件的名称“春暖花开”。设置完毕，单击“确定”按钮，如图 1-17 所示。

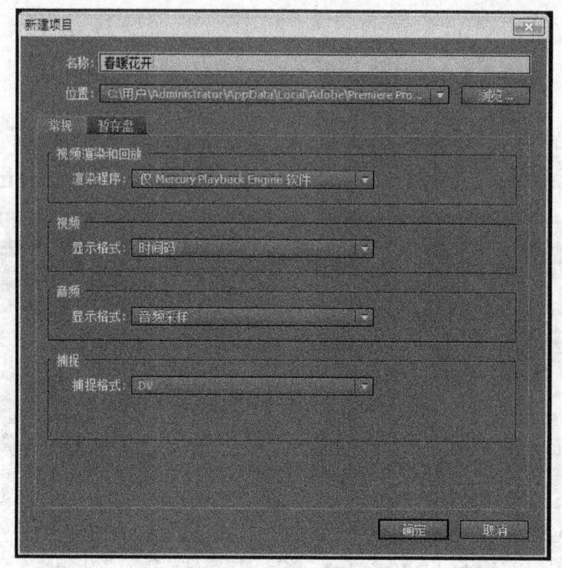

图 1-17　新建项目

步骤三：在项目面板上右击，在弹出的快捷菜单中执行“新建项目/序列”命令，如图 1-18 所示，在“新建序列”窗口中选择“DV-PAL”下的“标准 48 kHz”，如图 1-19 所示，单击“确定”按钮。

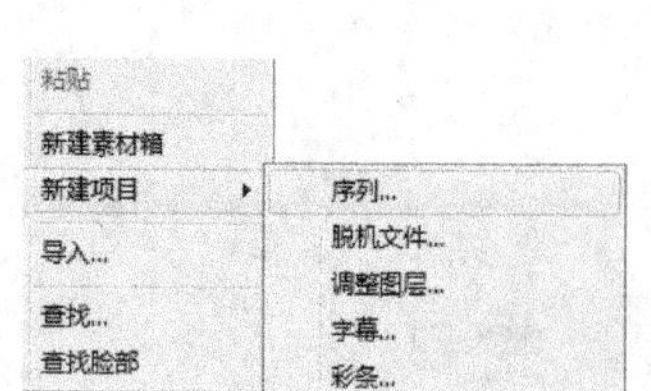

图 1-18　“新建项目/序列”选项卡

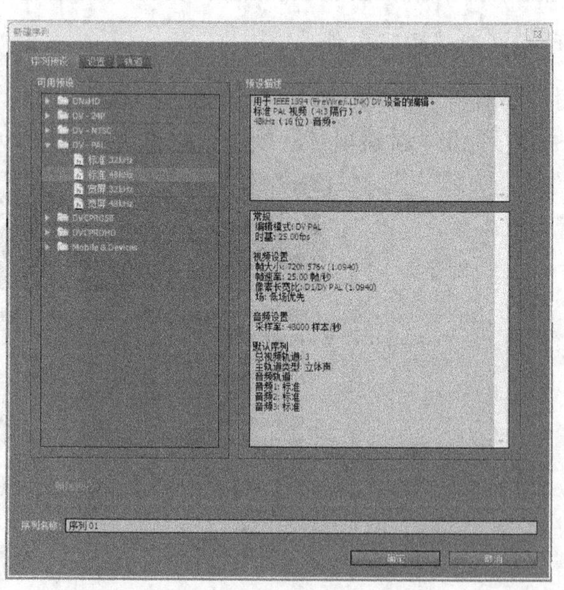

图 1-19　新建序列

2. 导入素材

步骤一：完成项目文件的建立后，在项目面板上右击，在弹出的快捷菜单中执行“导入”命令，如图 1-20 所示。

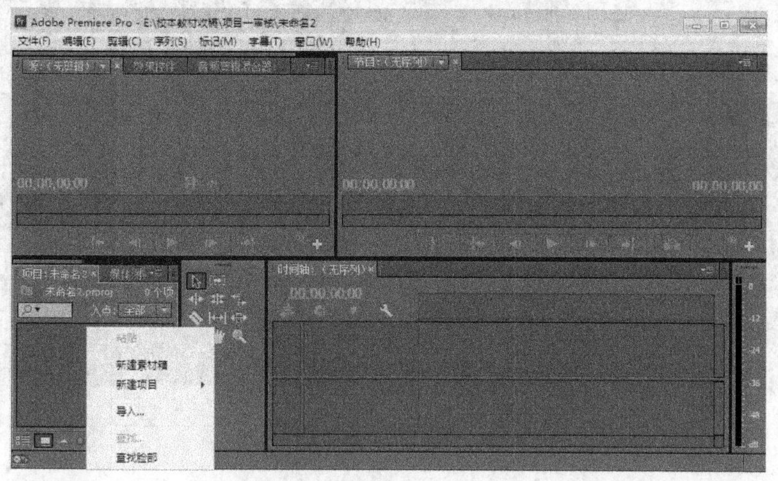

图 1-20　选择“导入”命令

步骤二：从配套电子资源包“项目 1/任务 1.2”中选择素材“春暖花开 1.avi”、“春暖花开 2.avi”、“春暖花开 3.avi”和“背景音乐.mp3”素材，单击“打开”按钮，如图 1-21 所示。

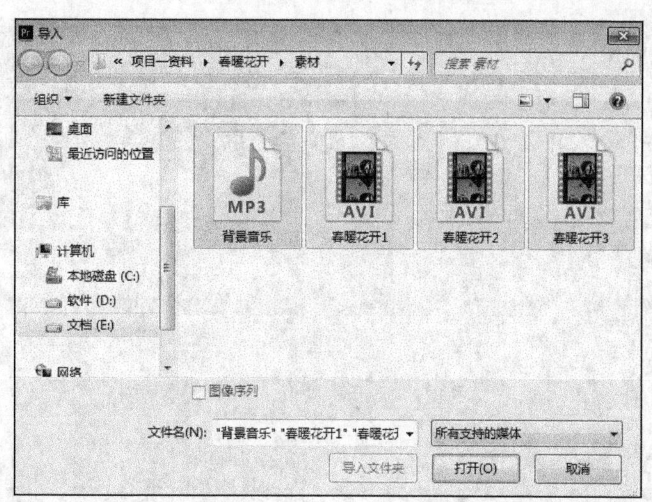

图 1-21　“导入”对话框

步骤三：双击“春暖花开 3.avi”素材，预览素材内容，如图 1-22 所示。

图 1-22　预览素材内容

3. 将素材拖至视频、音频轨道

依次选择素材“春暖花开 1.avi”、“春暖花开 2.avi”、“春暖花开 3.avi”三个视频文件，将其按顺序拖动到时间线中的视频 1 轨道中；将“背景音乐.mp3”拖动到音频 1 轨道中，如图 1-23 所示。

图 1-23　将素材拖至视频、音频轨道

4. 调整视频、音频总长度

在时间轨中选中一段音频，将鼠标指针移动到该音频的末尾，当鼠标指针呈红色时往前拖动鼠标至和视频长度一致，如图 1-24 和图 1-25 所示。

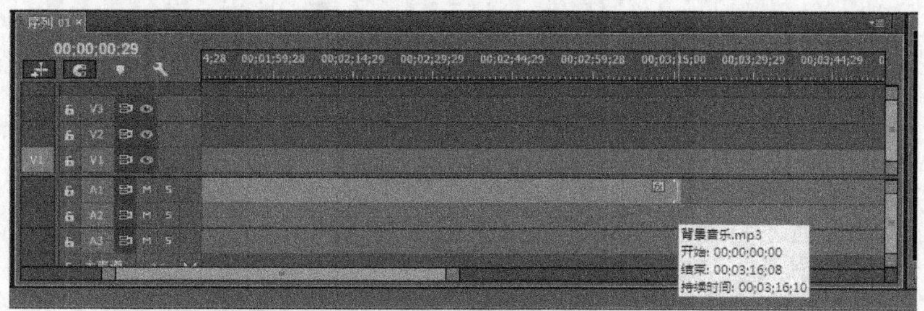

图 1-24 选中音频末尾

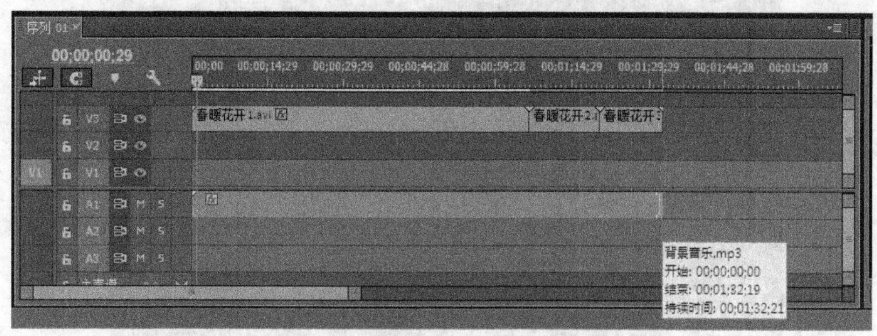

图 1-25 调整使音频与视频长度一致

提示：一个演示作品完成后，可以按空格键或 Enter 键预览最终效果。

5. 视频保存与输出

步骤一：按快捷键 Ctrl＋S 保存文件，执行主菜单文件下的“导出/媒体”命令（快捷键 Ctrl＋M），如图 1-26 所示。

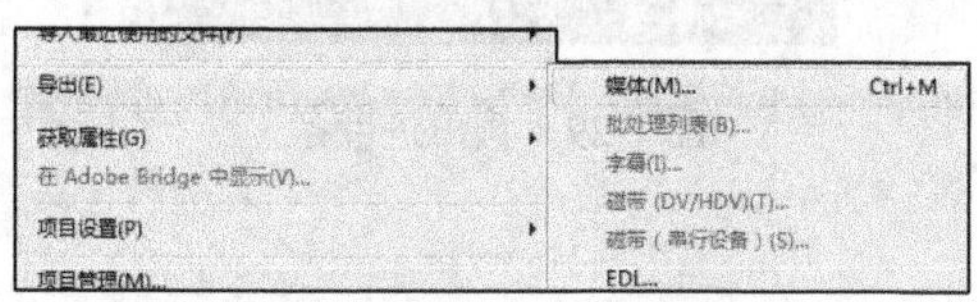

图 1-26 执行“文件/导出/媒体”命令

步骤二：在导出设置对话框内，单击“输出文件名：序列 01.avi”，在弹出的“另存为”对话框内输入“春暖花开”后单击“保存”按钮，如图 1-27 所示。输出名称改为“春暖花开.avi”，再单击“导出”按钮，如图 1-28 所示。

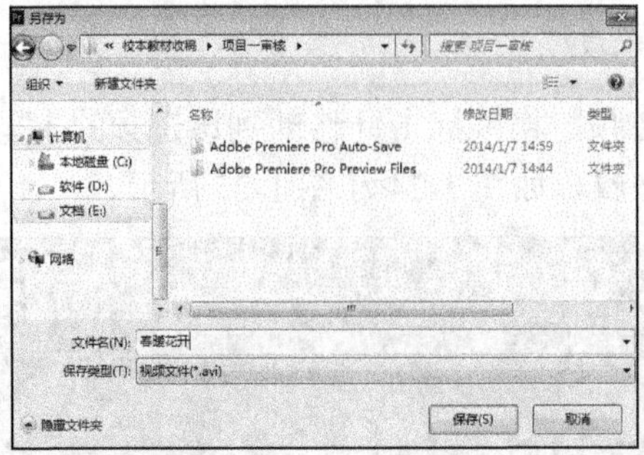

图 1-27 “另存为”对话框

图 1-28 导出设置

此时显示输出进度条，如图 1-29 所示。

图 1-29 输出进度条

6. 找出制成的视频

在输入文件夹内找到“春暖花开.avi”即可观赏制作成的视频。

知识窗

1. 工作区布局方案

Adobe Premiere Pro CC 中提供了七套不同的工作区方案，以便用户在进行不同类型的编辑工作时能够达到更高的工作效率。

在“窗口/工作区”下选择一种工作区方案即可，如图 1-30 所示。

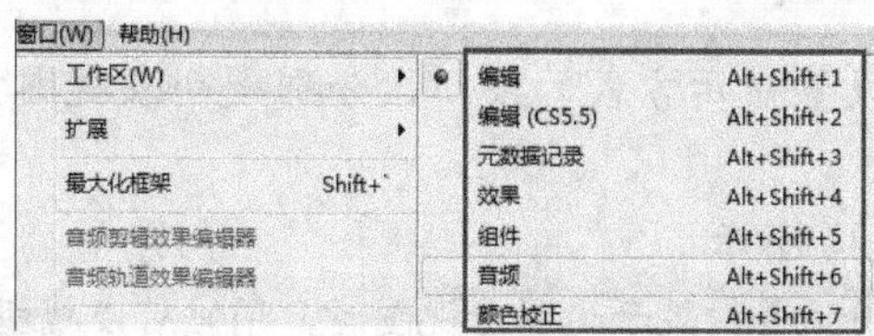

图 1-30 选择工作区方案

1）“元数据记录”工作区方案：整个工作区将以项目面板和“元数据面板”为主，如图 1-31 所示。

图 1-31 工作区

2）“颜色校正”工作区布局方案：主要在调整影片的色彩时使用，由“效果控件”面板和三个不同的监视器面板组成，如图 1-32 所示。

图 1-32 “颜色校正”工作区布局方案

2. 修改素材的显示方式

项目窗口中有两个设置显示方式的按钮，分别是列表视图按钮▤和图标视图按钮▣，如图 1-33 所示。

1）列表视图如图 1-34 所示。

2）缩略图视图。当视频素材显示为图标视图时，用户可以根据需要快速浏览全部素材。

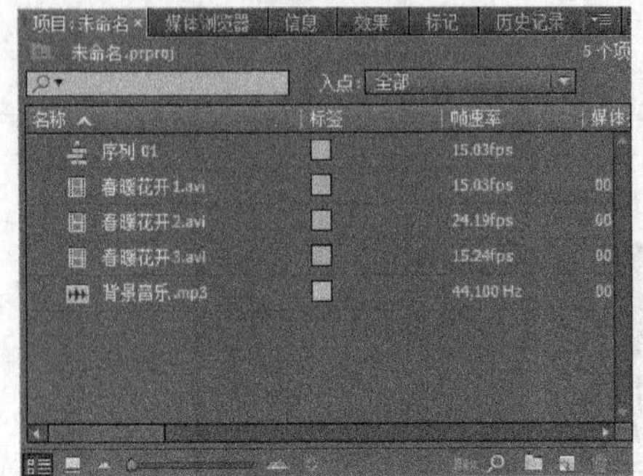

图 1-33　设置显示方式的按钮

图 1-34　列表视图

3. 修改时间轨上的素材显示比例

当视频素材在节目窗口中无法显示完全时，则需要修改素材显示比例。

操作方法：用鼠标按住时间轨上的放大/缩小按钮，向右边拉缩小素材，向左边拉放大素材，如图 1-35 所示。

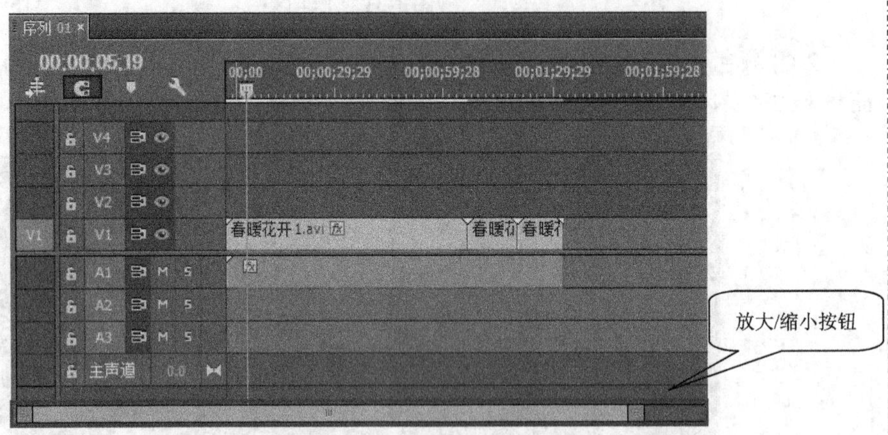

图 1-35　修改素材显示比例

4. 快捷键设置

执行“编辑/快捷键…”命令，可以自由定义和更改快捷键（图 1-36），形成只有自

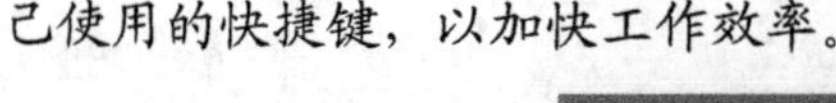
己使用的快捷键，以加快工作效率。

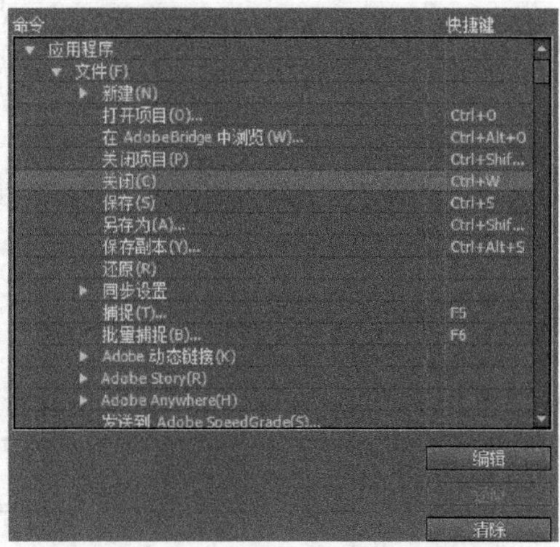

图 1-36　自由定义和更改快捷键

【任务测试】

1．结合“春暖花开”的例子，利用 Adobe Premiere Pro CC 制作一个简单短片的操作流程有哪几个关键步骤?

2．修改在时间轨上的素材显示比例。

3．到网上收集视频、音频素材，制作视频小品“春天来了”。

【知识链接】

电影技术发展简史

——画面从黑白到彩色

20 世纪 30 年代，电影画面开始从黑白走向彩色。1935 年，美国电影导演罗本·马莫里安拍摄了《浮华世界》，标志着世界上第一部彩色电影的出现，从而使色彩真正作为一种元素、手段、风格进入了银幕世界。

彩色电影的出现，增加了电影对自然世界的表现能力。色彩在影片中既是一种再现客观世界的技术条件，又是表现人物、表达情感的艺术手段。

任务 1.3　认识 Adobe After Effects CC

【工作任务】

用 Adobe After Effects CC 制作“大雪纷飞”动画，掌握影视特效的制作流程。

【任务目标】

1. 学会制作“大雪纷飞”动画。
2. 了解 Adobe After Effects CC 软件的窗口。
3. 掌握 Adobe After Effects CC 软件的音频、视频编辑操作流程。

1.3.1　分析制作目标

打开“配套电子资源包/项目 1/任务 1.3/大雪纷飞.avi”文件，可以看到如图 1-37 所示的一片片雪花从天上慢慢飘落的动画。

图 1-37　大雪纷飞

问题

能在 Adobe Premiere Pro CC 中完成此动画制作吗？

知识窗

Adobe After Effects CC 工作界面

在编辑素材的过程中，可以通过执行 Adobe After Effects CC 窗口中的各种命令来完成一些操作，从而达到自己满意的效果。图 1-38 所示为 Adobe After Effects CC 的窗口。

图1-38　Adobe After Effects CC窗口

1.3.2　制作“大雪纷飞”动画

1. 新建项目文件

启动软件，进入Adobe After Effects CC工作界面。执行“另存为”命令，弹出“另存为”对话框，选择项目文件保存的位置并输入文件名“大雪纷飞”，然后单击“保存”按钮，如图1-39所示。

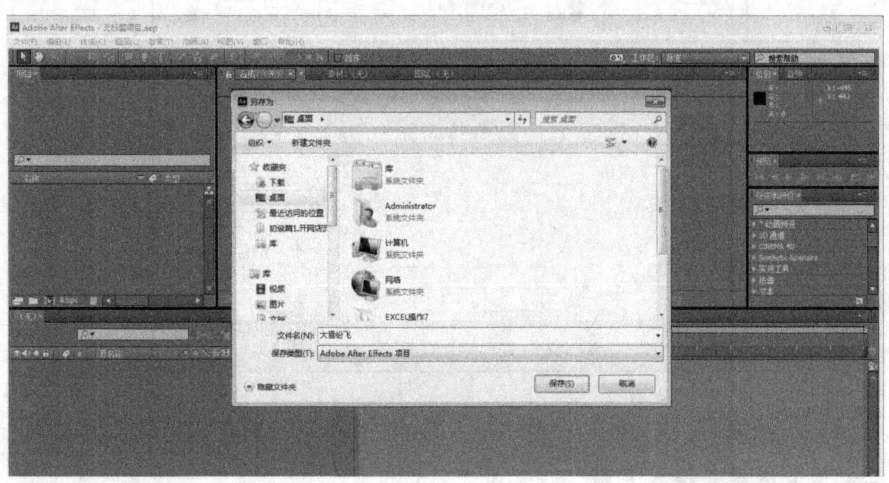

图1-39　新建项目文件

2. 新建合成

步骤一：执行“合成/新建合成”命令，弹出“合成设置”对话框，设置如图1-40所示的各项参数，单击“确定”按钮完成设置并进入Adobe After Effects CC的工作界面。

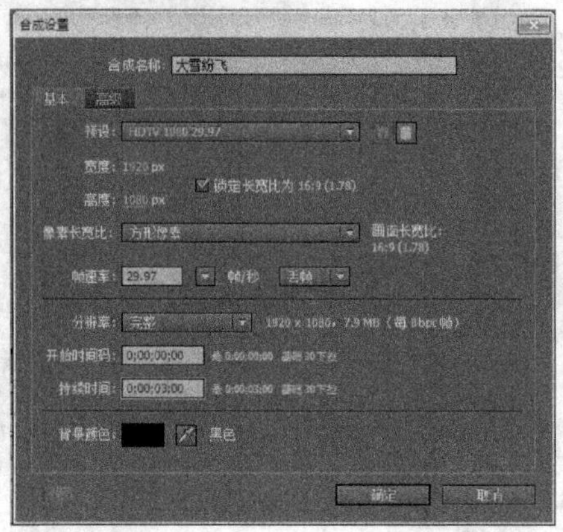

图1-40　合成设置

步骤二：执行“导入文件”命令，弹出“导入文件”对话框，如图1-41所示。导入“配套电子资源包/项目1/任务1.3”文件夹下的“地面.psd”、“树.psd”和“雪花.psd”文件，然后单击“导入”按钮，将素材导入Adobe After Effects CC中。

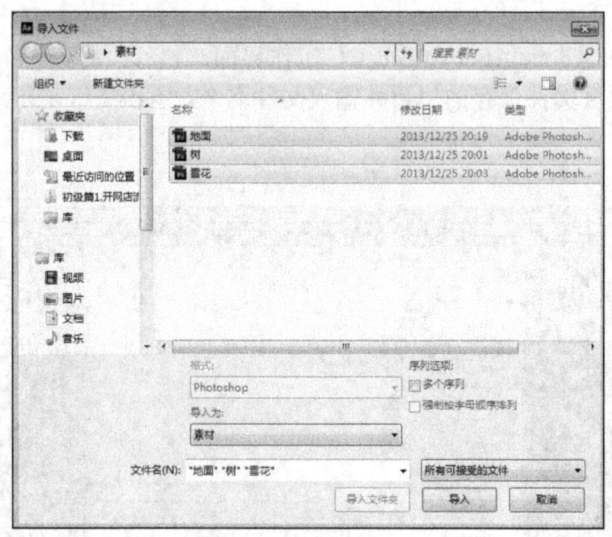

图1-41　导入文件

3. 绘制蓝天图层并拖入素材

步骤一：执行“图层/新建/纯色”命令，弹出“纯色设置”对话框，创建纯色层。设置

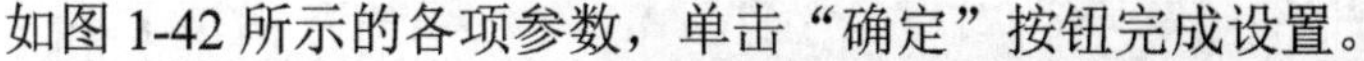

如图 1-42 所示的各项参数，单击“确定”按钮完成设置。

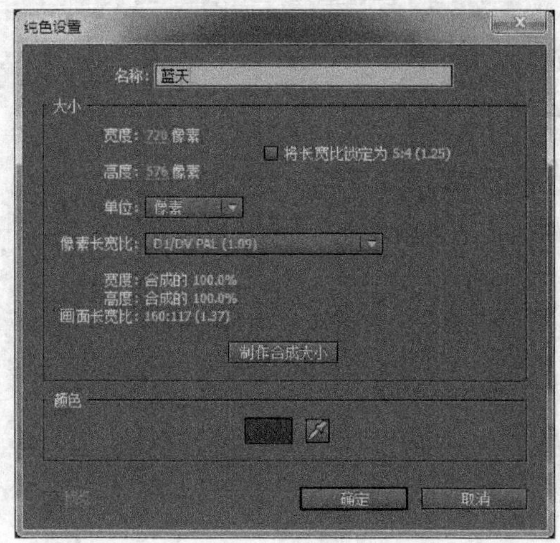

图 1-42　纯色设置

提示：每新建一个纯色层，便会弹出“纯色设置”对话框。“名称”后的文本框内可以输入该纯色层的名字，方便后面操作中对该纯色层的识别。大小表示该纯色层的尺寸信息，一般采取默认设置。“颜色”中可以调节该纯色层的颜色。

步骤二：在“时间线”面板中的“蓝天”图层上右击，执行“效果/生成/梯度渐变”命令，在“效果控件：蓝天”面板中设置渐变的起始颜色为天蓝色（#008AFF），结束颜色为土黄色（#99824F），如图 1-43 所示。

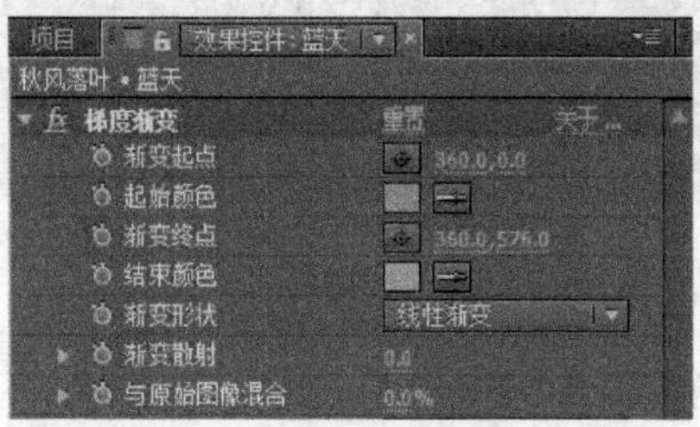

图 1-43　效果控件：蓝天

步骤三：将项目面板中的“地面”、“树”和“雪花”素材拖动到时间线面板中，注意“地面”在第一层，“雪花”和“树”在下层，同时调节各素材的大小，使其适合整个屏幕，如图 1-44 所示。

图 1-44　大雪纷飞

4. 制作动画

步骤一：在时间线面板中将时间标尺的游标拖到第一帧，单击选中第二层“雪花”层，并按 P 键，此时将在该图层下自动出现位置关键帧属性，如图 1-45 所示。

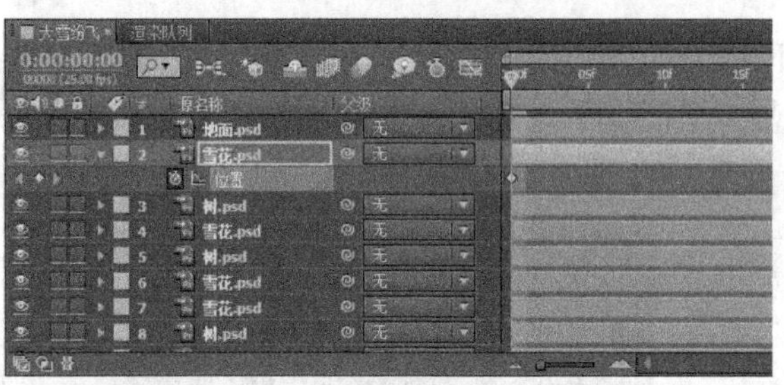

图 1-45　“大雪纷飞”选项卡

步骤二：单击位置关键帧前的秒表图标，在合成窗口中将“雪花”拖到“地面”之上，再将时间标尺的游标拖动到最后一帧，如图 1-46 所示。

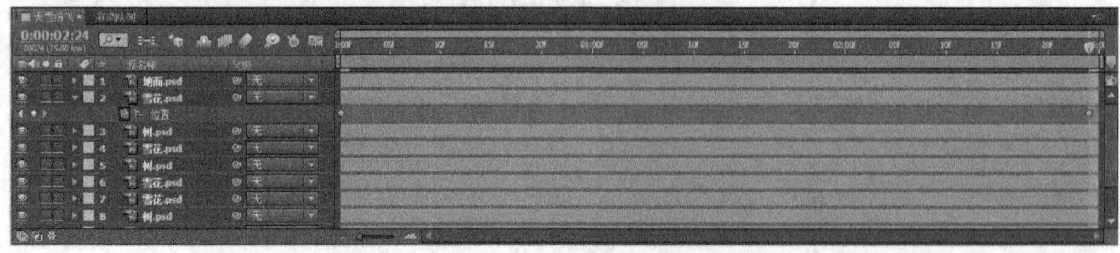

图 1-46　图层及时间面板

步骤三：使用同样的方法，制作其他雪花微微飘动的动画。按小键盘中的数字“0”键预览，可看到所有雪花飘动的动画，如图 1-47 所示。

（a）

（b）

图 1-47　雪花飘动的动画

步骤四：执行“合成/保存 RAM 预览”命令，弹出“将影片输出到”对话框，如图 1-48 所示。输入名称“大雪纷飞成品”，单击“保存”按钮，随后出现“渲染队列”面板，如图 1-49 所示。

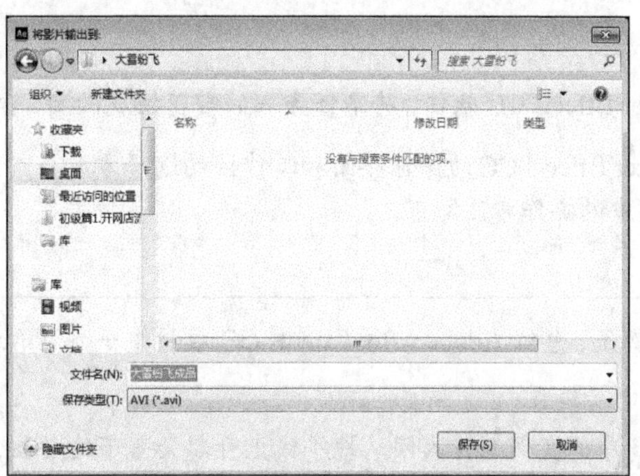

图 1-48　“将影片输出到”对话框

图 1-49　“渲染队列”面板

Adobe After Effects CC 将自动渲染，输出后的文件就可以使用播放器观看了，如图 1-50 所示。

图 1-50　大雪纷飞成品

做一做

利用 Adobe After Effects CC 软件，将本任务中的雪花换成雨滴，尝试制作下雨的动画。

提示：Adobe After Effects CC 的操作界面和工作区的选择方案与 Adobe Premiere Pro CC 类似，参照任务 1.2 中的操作方法即可。

【任务测试】

1. 通过上面的例子，总结 Adobe After Effects CC 中制作一个简单动画的操作有哪几个关键步骤。

2. 参照任务 1.3 中的实例制作太阳从地平线上升起又落下的动画，地面场景和白云可以用 Adobe After Effects CC 提供的工具自己绘制。

【知识链接】

电影技术发展简史

——画面从 2D 到 3D 时代

2010 年由美国著名导演詹姆斯·卡梅隆执导的电影《阿凡达》（图 1-51）的上映，标志着电影进入了 3D 时代。

图 1-51　《阿凡达》截图

《阿凡达》采用 3D 技术拍摄，共耗资 5 亿美元制作发行，是电影史上最为昂贵的作品。

纵观世界电影技术的发展史，似乎每一部如此具有标志意义的影片，都能为人们带来不一般的震撼。

项 目 测 试

一、理论测试

1．影视后期制作的步骤有________、________、________、________。

2．下列软件中，属于影视后期合成软件的是________。

A．Word　　B．Excel

C．PowerPoint　　D．Adobe After Effects CC

3．简述影视节目的制作步骤。

4．简述 Adobe Premiere Pro CC 制作影视片的步骤。

5．简述 Adobe After Effects CC 制作影视动画的步骤。

二、技能测试

1．到网上下载关于环境保护的视频素材，利用软件剪辑制作一个视频短片。

2．运用 Adobe After Effects CC 软件设计制作一个“秋风落叶”的动画。

3．观赏 3D 电影《阿凡达》，评析其中的影视特效镜头。

项目 2
影视素材管理

项目介绍

影视片段、音乐、音效、图片、配音等在影视制作中称为影视素材。素材收集、使用和管理是制作整个影片的灵魂，本项目以《漫时光》微电影为例来讲述常用软件 Adobe Premiere Pro CC、Adobe After Effect CC 中进行素材的收集、使用和管理的方法和技巧。

教学目标

1．了解微电影的结构及特点。

2．掌握影视素材捕捉、导入、管理的方法。

3．掌握微电影的输出方法。

任务 2.1　《漫时光》微电影前期创意

【工作任务】

欣赏微电影《漫时光》，学习微电影的前期创意方法。

【任务目标】

1．了解微电影的特点。

2．掌握微电影的创意思路。

3．熟悉微电影的制作流程。

2.1.1　微电影《漫时光》前期创意

1. 观看样片回答问题

打开“配套电子资源包/项目 2 /任务 2.1/漫时光.avi”视频，该片的四幅截图如图 2-1 所示。

(a)

(b)

(c)

(d)

图 2-1　《漫时光》截图

问题

1. 此微电影的名称《漫时光》的含义是什么？

2. 此微电影的时长是________分钟。

3. 哪类人群会喜欢此微电影？请列举出来。

读一读

微电影是指专门运用在各种新媒体平台上播放、适合在移动状态和短时休闲状态下观看、具有完整策划和系统制作体系支持的微型电影。优秀的微电影不仅要借鉴利用电影元素，更要对其进行适当的夸张与放大，以此使得这些元素能够在短短的几分钟内变得突出、立体，也因此使得微电影有了不同于普通电影的自身独特性与风格。

故事是电影的核心，是其他元素产生的基础，因而好的故事情节是电影与微电影不可缺少的重要因素。电影是在 90～120 分钟内讲故事，而微电影则是在几分钟到十几分钟把一个故事讲述完整，还必须生动吸引人，这是很不容易的。这也就决定了微电影不能像电影一样，起因、经过、高潮、结局这样按部就班地走下来，情节必须更加紧凑、更加跌宕起伏。同时，由于时长过短，微电影的开头也显得更加重要，如果开始的一两分钟内不能吸引观众的话就很难使观众继续看下去。所以通俗地讲，一部电影就是讲一个故事，一部微电影就是讲一个微故事。

2. 创作动机和创作思路

（1）创作动机

在茫茫人海中，两个本无相关的年轻人，因为一次偶然的相遇走到了一起，他们感谢上天，相信缘分，于是他俩想把这一奇遇、这段浪漫时光，在婚宴上向亲朋好友讲述……

（2）创作思路

采用顺叙的方式讲述两个人：吃瓜子的男主角、玩手机的女主角。拿错了手机，促成了他们的第一次相遇；因为无聊去理发创造了第二次相遇……几次偶遇，一个美妙的爱情故事开始了……在恋爱岁月中，他们一起玩、一起闹、一起分享着彼此的喜怒哀乐，最终走进婚姻的殿堂。

做一做

根据上面的创作动机和创作思路，你认为要完成此微电影的创作，需要几个视频片段？这几个片段的内容是什么？

2.1.2 制作《漫时光》的简单流程

1）前期策划：根据创作动机和思路，《漫时光》微电影主要有三个片段：相遇之前、几次偶遇和相遇之后。

2）片段拍摄：相遇之前两人的生活、几次偶遇场景、相遇之后的相处场景。

3）素材收集：他们结婚的彩炮、婚戒等，制作微电影的各种音乐。

4）影片制作：利用收集的素材制作微电影。

5）影片输出：将制作的影片输出为适合大众播放器播放的格式。

【任务测试】

利用项目 1 的相关知识，写出拍摄和制作《漫时光》微电影需要的器材名称。

任务 2.2　相约《漫时光》成员——影视素材认识与管理

【工作任务】

通过分解微电影素材来认识影视素材和收集影视素材。

【任务目标】

1．掌握影视素材的类型及作用。

2．学会用 Adobe Premiere Pro CC 捕捉素材。

2.2.1　认识影视素材

打开“配套电子资源包/项目 2/素材”，可看到如图 2-2 所示的各种文件及文件夹，这些文件就是《漫时光》微电影的素材。

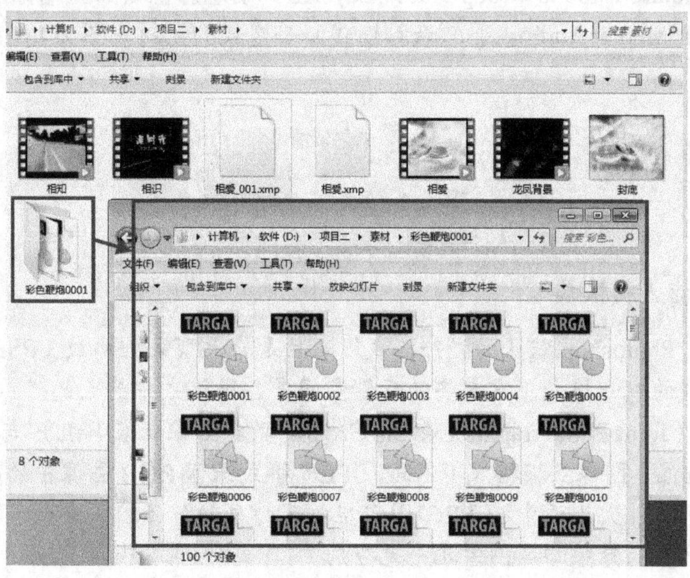

图 2-2　素材

因此，影视素材不是动植物、物品或人类，而是包含一定信息数据的各类文件。这些文件（素材）在影视作品中有不同的表现形式和作用。根据这一特点，素材大致分为视觉素材和听觉素材。

1）视觉素材指影视中给观众看的图片、文字及视频动作的素材，如图 2-3 所示。

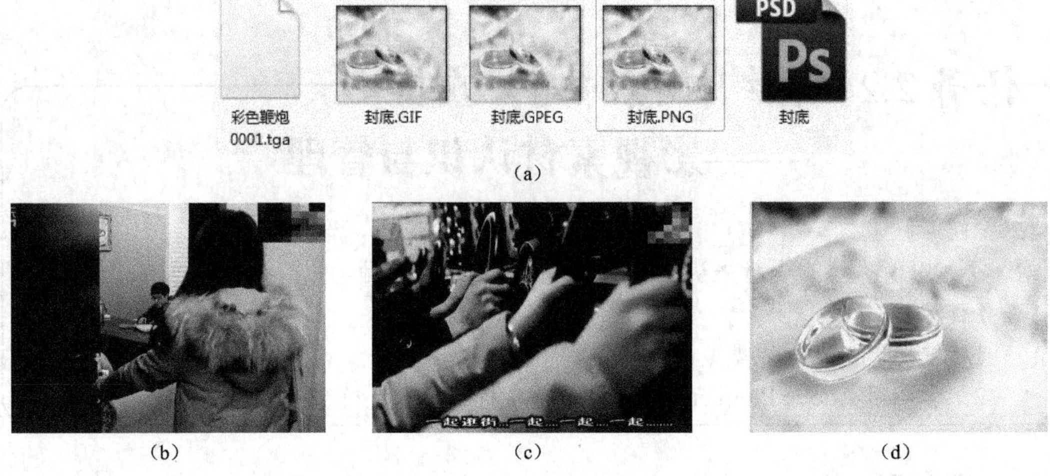

（a）

（b）　（c）　（d）

图 2-3　视觉素材

2）听觉素材主要指利用大量的音频文件来增强影视作品的听觉效果，主要有 WAV、MP3（Moving Picture Experts Group Audio LayerⅢ，动态影像专家压缩标准音频层面 3）、WMA（Windows Media Audio，微软音频格式）等格式的素材，图 2-4 所示是《漫时光》的音频文件素材。

因为爱情

图 2-4　音频文件素材

知识窗

1. 常见静态素材格式

PSD 格式：Photoshop 默认的文件格式，而且是除大型文档格式（PSB）之外支持所有图像色彩模式的唯一格式。它需要的存储空间是各种格式中最大的。

JPEG 格式（Joint Photographic Experts Group，联合图像专家小组）：与 GIF（Graphics Interchange Format，图像互换格式）不同，JPEG 格式保留 RGB 图像中的所有颜色信息，压缩比例较大，文件大小适中。JPEG 图像在打开时自动解压缩。在大多数情况下，“最佳”品质选项产生的结果与原图像几乎无分别。

TGA 格式图片文件（Tagged Graphics）：由美国 True Vision 公司为其显示卡开发的一种图像文件格式，文件后缀为“.tga”，已被国际上的图形、图像工业所接受。TGA 格式的结构比较简单，属于一种图形、图像数据的通用格式，在多媒体领域有很大影响，是计算机生成图像向电视转换的一种首选格式。

BMP（Bitmap）格式：DOS（Disk Operating System，磁盘操作系统）和Windows兼容计算机上的标准Windows图像格式。支持RGB色彩模式、索引颜色、灰度和位图颜色模式，形成的文件大小仅次于TIFF（Tagged Image File Format，跨平台的格式），属较大文件。

2. 常见视频格式

AVI格式（Audio Video Interleaved，音频视频交错格式）：兼容性好、调用方便、图像质量好，但文件体积过于庞大。

MPEG（Moving Pictures Experts Group，动态图像专家组）格式：广泛应用于VCD/DVD和HDTV的视频编辑与处理等方面。MPEG是运动图像压缩算法的国际标准，现已被几乎所有的计算机平台支持。它包括MPEG-1、MPEG-2和MPEG-4。

SWF图形文件格式是Flash在1997年推荐的矢量图形格式的一个版本。SWF图形文件格式为带声音的Web提供了一种表现矢量图形交互式动画的理想方式。

MTS：一种新兴的高清视频格式，分辨率为全高清标准1920×1080像素或1440×1080像素，也是一种蓝光标准的格式。

GIF：可以存多幅彩色图像，是一种最简单的动画文件。

MOV：由Apple公司研发的一种视频格式，基于QuickTime音频软件的配套格式。

ASF（Advanced Streaming Format，高级串流格式）是微软公司为了和现在的Real Networks竞争而发展的一种可直接在网上观看视频节目的文件压缩格式，其压缩率高，图像质量很好。

想一想

影视素材是如何得到的？请写出你知道的素材获取方法。

2.2.2 导入素材

1. 导入素材到Adobe Premiere Pro CC软件

（1）导入一般素材

“导入”命令是将硬盘或连接的其他存储设备中的已有文件引入项目中，以便使用Adobe Premiere Pro CC支持导入许多类型的视频、静止图像和音频，提供了如图2-5所示的三种导入命令，导入一般素材时只需执行“文件/导入”命令（快捷键Ctrl+I）即可。

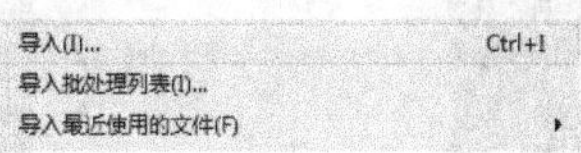

图2-5 “导入”选项卡

提示：导入一般素材是指 JPG、PNG、AVI、MPG、TAG 文件。

（2）导入序列图像

图片序列通常是保存在同一个文件夹中，其文件名按数字序列排列的一系统文件，一般多由动画制作软件产生，在以图片序列的方式导入这类文件时，图片序列就合并成一个视频素材片段。

导入方法：选中序列中的第一个文件，勾选复选框“图像序列”即可，如图 2-6 所示。

图 2-6　选中序列中的第一个文件

提示：只有图像序列才能导入，如果是视频序列文件则不能以这种方式导入。

（3）导入.psd 文件

执行“文件/导入”命令，选择 PSD 文件，弹出如图 2-7 所示的“导入分层文件：GIF 动画”对话框，“导入为”后有四个选项：“合并所有图层”、“合并的图层”、“各个图层”、“序列”。选择“序列”生成“素材箱 04”里的序列，如图 2-8 所示。

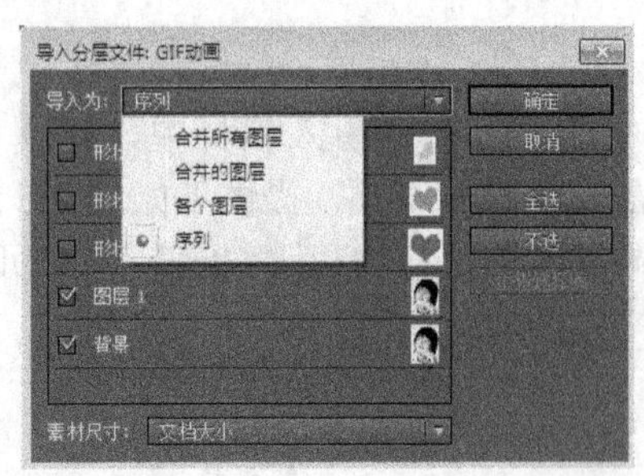

图 2-7　“导入分层文件：GIF 动画”窗口

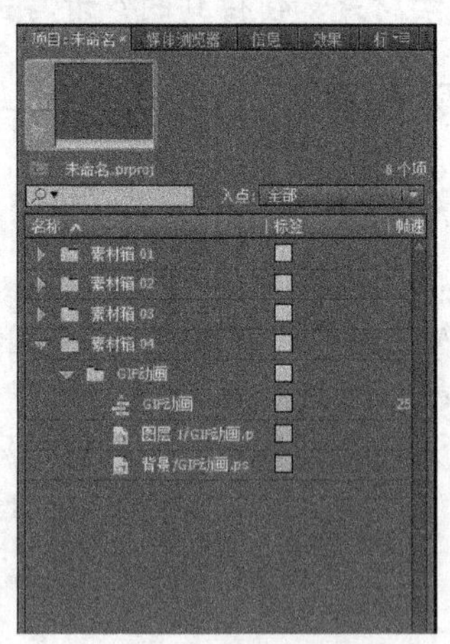

图 2-8　“素材箱 04”里的序列

2. 导入素材到 Adobe After Effects CC

（1）导入命令

PSD 文件的导入方法与导入 Adobe Premiere Pro CC 软件类似，也是用“文件/导入”命令（快捷键 Ctrl＋I），但导入命令稍有不同，如图 2-9 所示。

（2）导入.psd 文件

执行“文件/导入”命令，选择所需导入的 psd 文件，在弹出的对话框中选择“导入种类”，“导入种类”后有三个选项：“素材”、“合成”、“合成-保持图层大小”，如图 2-10 所示。

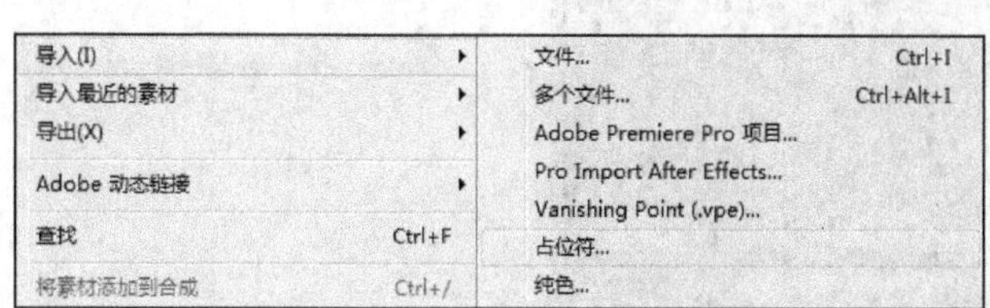

图 2-9　导入命令

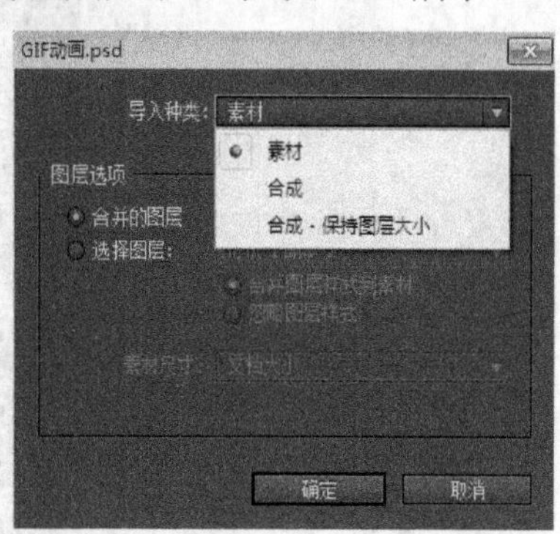

图 2-10　GIF 动画.psd

（3）导入图像序列

图像序列文件导入 Adobe After Effects CC 软件中的方法与导入 Adobe Premiere Pro CC 类似，入口也是“文件/导入”，只是界面有些不同，如图 2-11 所示。

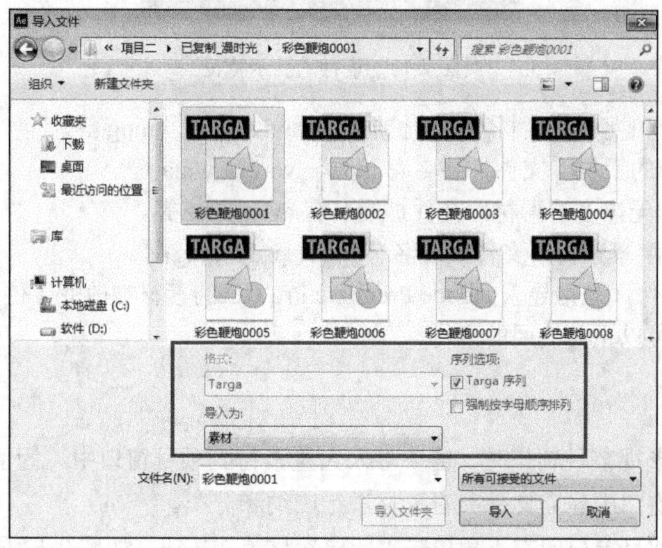

图 2-11　“导入文件”对话框

2.2.3 管理素材

1. 素材的显示特征

完成各类素材导入后，观察各种素材在 Adobe Preremiere Pro CC 环境中的显示特征，如图 2-12 所示。

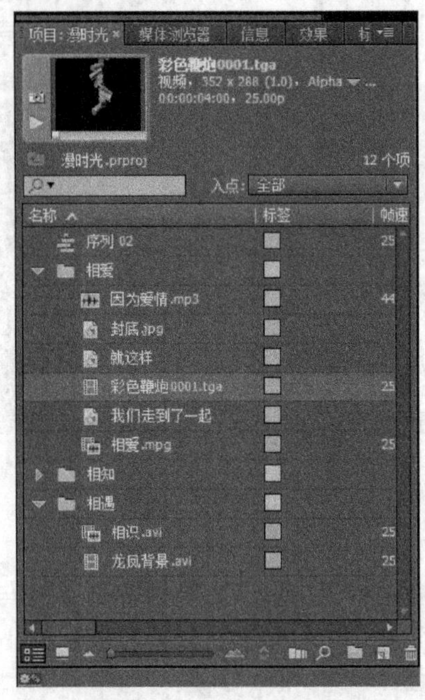

图 2-12　素材的显示特征

：有声音和视频的素材，文件扩展名有.avi、.mts、.mpg 等。

：有声音的素材，文件扩展名有.mp3、.wav、.wma 等。

：有视频无声音的素材，文件扩展名有.avi、.swf 等。

：图片或字幕素材，文件扩展名有.jpg、.psd、.png 等。

：脱机文件，是指导入 Adobe Premiere Pro CC 的素材被改变了位置或者被删除了，需要重新链接才可以正常使用的素材。

2. 素材管理

在进行一个影视节目制作时，需要导入大量素材到项目窗口中。为了方便管理这些素材，可以在项目窗口中建立文件夹对素材进行归纳和分类。

步骤一：在项目窗口的右下角单击“新建素材箱”按钮，如图 2-13 所示；也可以在项目窗口的空白处右击，在弹出的快捷菜单中执行“新建素材箱”命令，如图2-14所示。

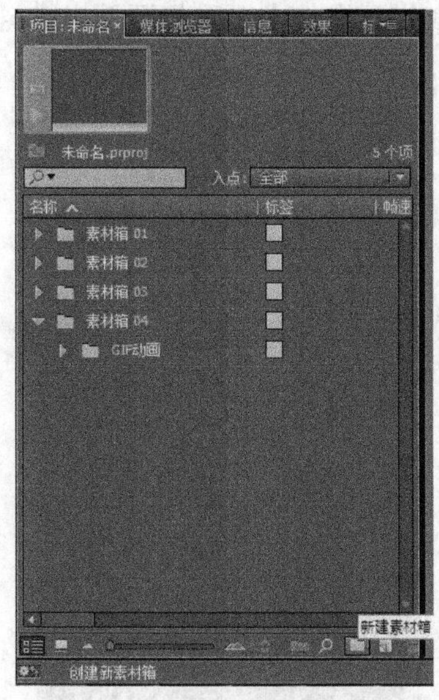

图2-13　“新建素材箱”按钮

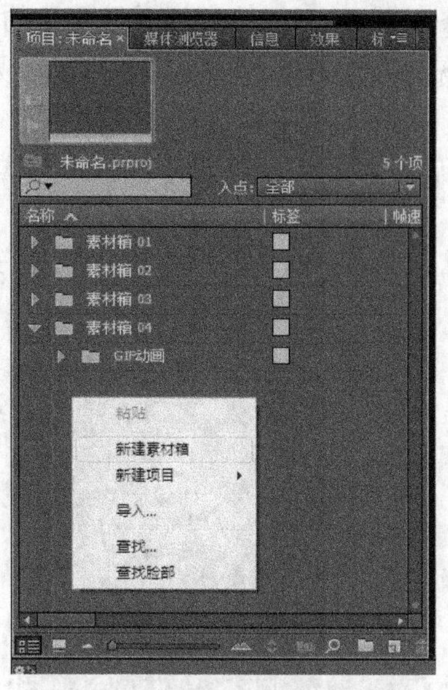

图2-14　“新建素材箱”命令

步骤二：在建立了文件夹后，更改文件夹名称，将需要分类的素材拖到相应的文件夹中，打开文件夹就可以看到这个文件夹里面的所有素材，如图2-15和图2-16所示。

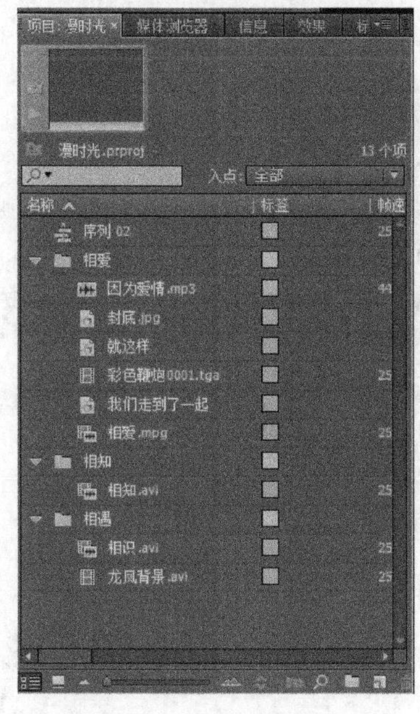

图2-15　打开后的文件夹

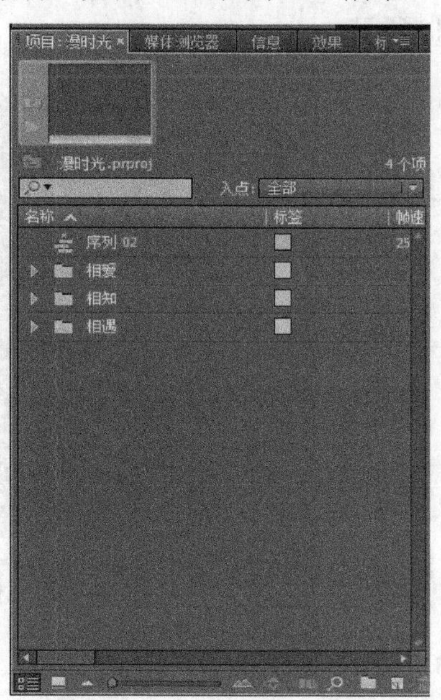

图2-16　合上的文件夹

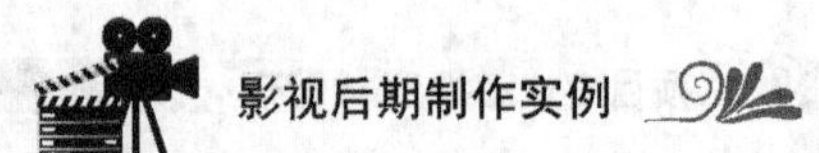

步骤三：项目窗口下方有两个不同的视图类型，一个是列表视图（图 2-17），一个是缩略视图（图 2-18）。列表视图是默认的视图类型，但在实际操作中，我们更希望能更快捷、更直观地观察素材，就需要用到缩略视图的显示方式。

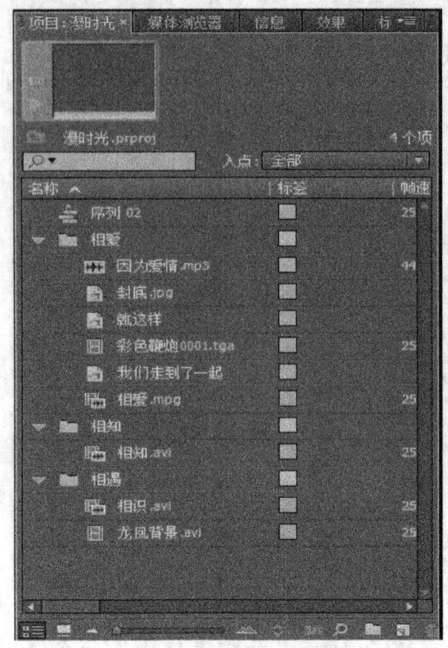

图 2-17 列表视图

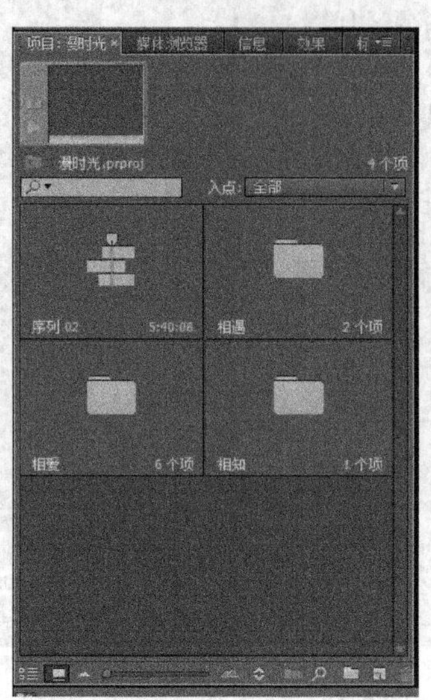

图 2-18 缩略视图

步骤四：双击打开缩略视图下的“图片”文件夹，浏览“图片”文件夹中的素材，如图 2-19 所示。

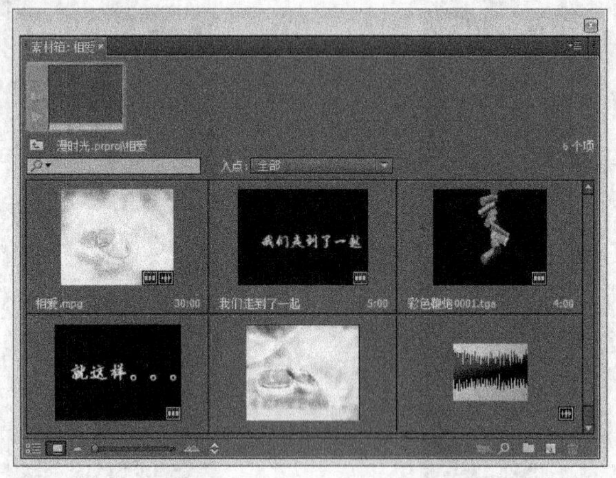

图 2-19 “图片”文件夹

3. 处理脱机素材

（1）Adobe Premier Pro CC 中的脱机现象与处理

脱机文件指项目内的当前不可用素材文件，其产生原因是项目所引用的素材文件已经被删除或移动。当项目出现脱机文件时，“素材源”或“节目”面板内便会显示该素材的媒体脱机信息，如图 2-20 所示。

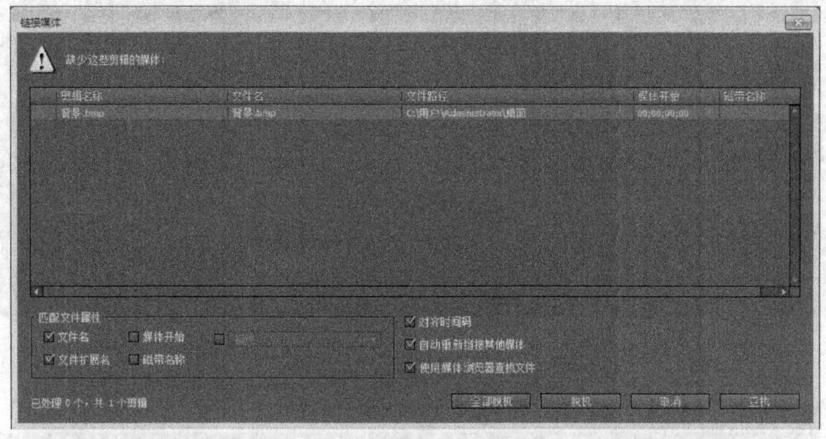

（a）

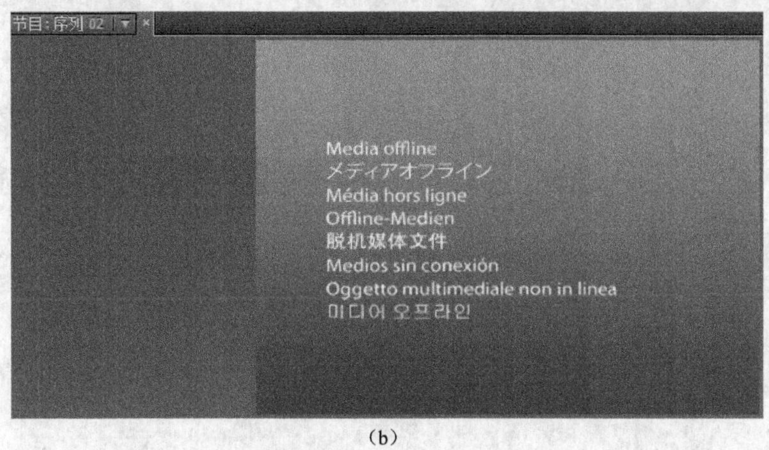

（b）

图 2-20　媒体脱机信息

脱机文件需要重新链接或者替换才可以正常使用，主要有以下两种方法。

方法一：重新导入文件。执行“文件/导入”命令，找到原文件。这样才可以重新链接素材，脱机文件才能变成联机文件。

方法二：在项目窗口中选中脱机文件并右击，在弹出的快捷菜单中执行“链接媒体”或者“替换媒体”命令。

（2）Adobe After Effects CC 脱机现象与处理

在 Adobe After Effects CC 中，如果导入项目的素材的位置发生了变更或者是删除，则会在监视器中出现如图 2-21 所示的界面。选中脱机文件并右击，在弹出的快捷菜单中执行“替换素材”或者“重新加载素材”命令，此时脱机文件就变成了联机文件，如图 2-22 所示。

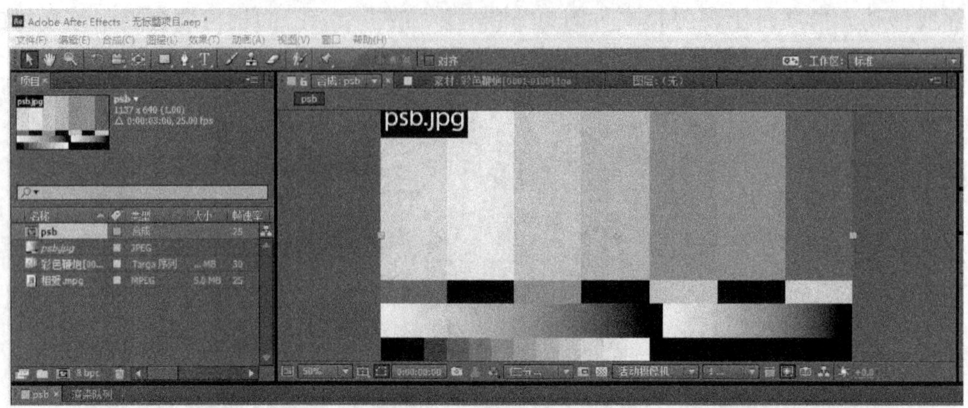

图 2-21 Adobe After Effects CC 脱机现象

图 2-22 处理后的联机文件

2.2.4 使用素材

无论是软件制作的素材（如字幕），还是从外部导入的素材，使用方法都一样，按下面的步骤操作即可。

步骤一：在项目面板中双击素材文件所在的文件夹，文件会以缩略图的方式显示，如图 2-23 所示。

步骤二：选择预览素材，再选中所需的素材文件，拖动鼠标，将素材文件拖到时间线上，如选中“相识.avi”文件，将其拖到时间线上即可。

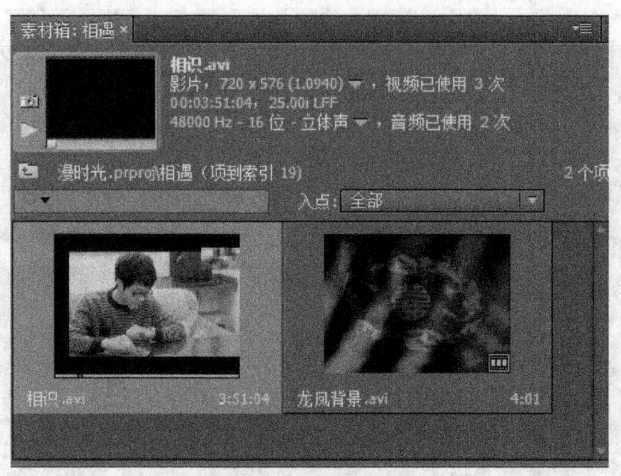

图 2-23　以缩略图的方式显示文件

步骤三：根据情节需求，将“相识.avi”、“相知.avi”、“相爱.avi”等素材放入时间线中，如图 2-24 所示。

图 2-24　将素材放入时间线中

2.2.5　收集素材

如果不正确收集素材，将无法正确移动文件，会出现素材脱机现象，因此收集素材是影片制作中很重要的工作，也是团队能合作完成项目的重要保障。

1. 利用 Adobe Premiere Pro CC 收集素材

步骤一：执行“文件/项目管理”命令，在“项目管理器”对话框中点选“收集文件并复制到新位置”单选按钮并设置路径，设置好参数后单击“确定”按钮即可，如图 2-25 所示。

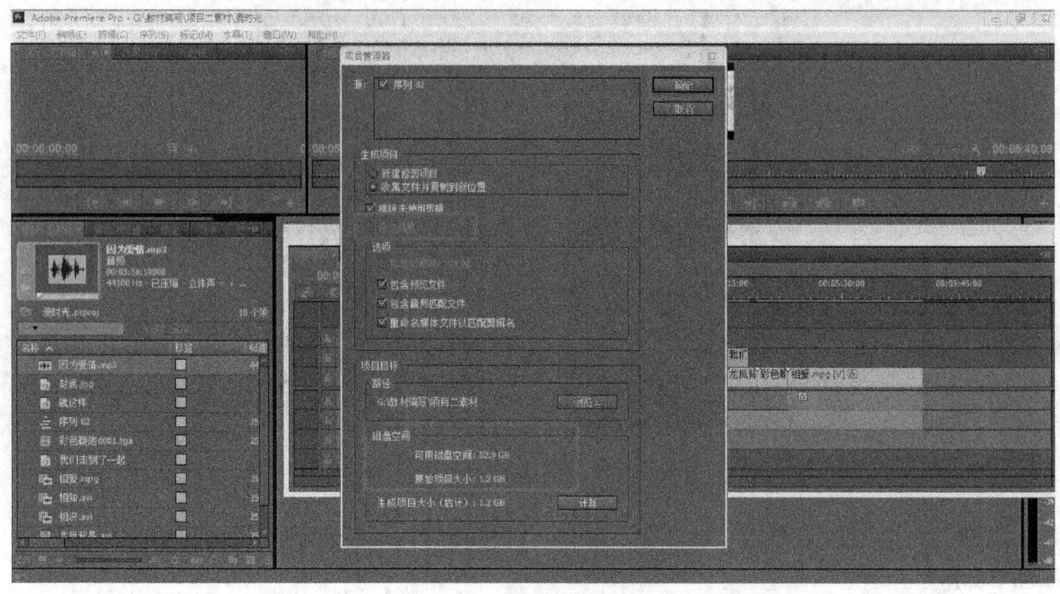

图 2-25 “项目管理器”对话框

步骤二：打包好素材后，在项目目标路径里会出现收集后的所有素材和临时文件，如图 2-26 所示。

名称	修改日期	类型	大小
Adobe Premiere Pro Preview Files	2014/1/2 21:31	文件夹	
Media Cache	2014/1/2 21:31	文件夹	
彩色颤抱0001	2014/1/2 21:31	文件夹	
龙凤背景	2013/12/15 17:44	视频剪辑	14,215 KB
漫时光	2014/1/2 21:31	Adobe Premiere...	51 KB
相爱	2008/1/3 15:48	电影剪辑	5,150 KB
相爱.xmp	2013/12/30 12:43	XMP 文件	4 KB
相爱_001.xmp	2013/12/30 12:43	XMP 文件	4 KB
相识	2013/12/22 20:29	视频剪辑	856,180 KB
相知	2013/12/22 20:30	视频剪辑	300,916 KB
因为爱情	2013/12/23 10:53	MP3 文件	3,587 KB

图 2-26 收集后的所有素材和临时文件

2. 利用 Adobe After Effects CC 收集素材

执行主菜单文件下的“整理工程（文件）/收集文件”命令（图 2-27），弹出“收集文件”对话框（图 2-28），设置参数和路径，保存文件即可。

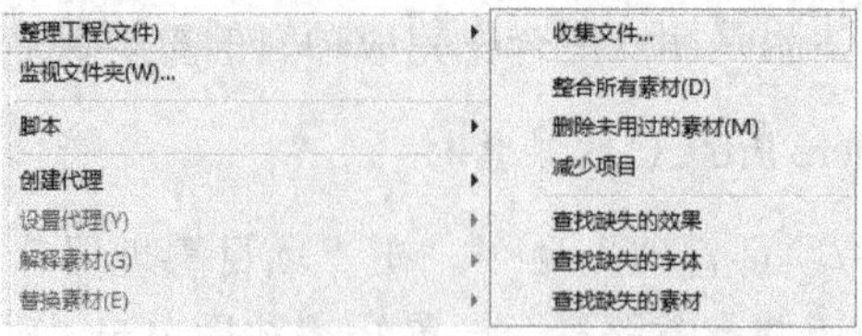

整理工程(文件)
监视文件夹(W)...
脚本
创建代理
设置代理(Y)
解释素材(G)
替换素材(E)

收集文件...
整合所有素材(D)
删除未用过的素材(M)
减少项目
查找缺失的效果
查找缺失的字体
查找缺失的素材

图 2-27 “管理工程（文件）/收集文件”命令

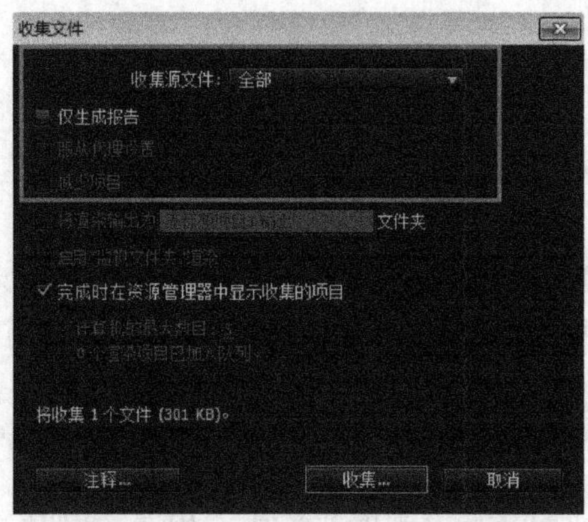

图 2-28 “收集文件”面板

【任务测试】

请分类收集整理《漫时光》微电影中的所有素材。

【知识链接】

微电影的来源与作用

以网络技术为核心的新媒体，将人们带入了全媒体的新时代；每一个普通民众都能便捷、低成本地参与到媒介传播上来，微电影正是在此背景下产生的。从恶搞电影《无极》的网络视频短片《一个馒头引发的血案》，发展到今天专业制作、形式严谨、具有完整故事情节的微电影作品《老男孩》，微电影经历了由萌芽到成长的过程，这其中网络功不可没。

微电影，以新形式打破传统电影的局限，走出影院，走向大众。它以动人的情节，让广告披上了隐性“外衣”，走向软性传播时代。作为新生事物，微电影的发展虽然令人担忧，但是随着业界在技术、资金、创意上投入的加大，专业化、规模化、产业化的推进；学界专家、学者的关注与理论进行探索；它必定会迅速地成长起来，为网络媒介传播贡献新的力量。

项 目 测 试

一、理论测试

1．我国普遍采用的视频制式为________。

2．Adobe Premiere Pro CC 中存放素材的窗口是________。

3．导入多个素材时，需要按住________键进行多个文件的选择。

二、测试技能

1．打开“光盘素材/项目 2/因为爱情.mp3，相爱.mpg”，并将其导入 Adobe Premiere Pro CC，放到相应轨道上。

2．将 Adobe Premiere Pro Project 窗口中的素材加入 Sequence（节目）时，如果素材与节目的大小尺寸不同，如何使其匹配节目尺寸？

三、技能扩展练习

1．利用项目 1 的知识，试着将《漫时光》中，相遇、相识、相爱等素材片段连接成一个片子，并加入“因为爱情”背景音乐，按 AVI 格式导出。

2．收集《漫时光》的所有素材，保存到文件夹“你的姓名”中。

项目 3
影片剪辑与编辑

项目介绍

"两个身份混乱的男人，分别担任着警方和黑社会的卧底。多年的两面生活让他们身心疲惫，于是他们决心要脱离这种不辨是非的处境，离开'无间地狱'，寻回自己。"这是《无间道 1》的原版故事情节。本项目将完全改换原导演的思路，让陈永仁做一次正面人物，这就是影视剪辑的魅力。

教学目标

1. 了解影视改编的前期创意。
2. 掌握剪辑方法和剪辑技巧。
3. 掌握视频转场和滤镜的制作方法。
4. 掌握字幕的添加方法。

任务 3.1 《无间道 1》角色转换前期创意

【工作任务】

读懂《无间道 1》的原故事情节，掌握改编影视情节的创意方法和制作思路。

【任务目标】

1. 掌握影视改编思路。
2. 掌握影视改编制作步骤。

3.1.1 创作目的

1. 样片欣赏

打开“配套电子资源包/项目 3/素材/《无间道 1》.mpeg”视频文件（图 3-1），仔细观看此电影。

(a)

(b)

图 3-1 《无间道 1》截图

问题

1）用 50 字左右概括《无间道 1》的故事情节。

2）在电影《无间道 1》中，陈永仁是________的卧底，刘建明又是________的卧底。

A. 警察　　　　B. 黑社会

2. 《正邪互换》的创作目的

电影情节一般是由编剧和导演确定的，能反映一定时间内的社会生活。改编电影说明任何事情都有两面性，要多角度地看问题。立场不同，对事物的看法也不一样。利用影视后期的剪辑技术，将不同场景、不同情节放在一起会生成新的故事情节。

3.1.2 创作步骤

步骤一：理清《无间道 1》中主要人物的镜头及形象。陈永仁是警察派到黑社会的卧底，最后反了警察，在影片中是反面人物；刘建明是警察派到黑社会的卧底，最后反了黑社会，在影片中是正面人物。

步骤二：找准改编点。陈永仁跟着黑社会大哥韩琛走私贩毒，在一次警察与黑社会的枪战中，陈永仁的兄弟阿强为了救他而死在他面前，他该如何选择？原版电影和改编电影情节从此点走向不同的方向。

步骤三：确定改编后影片情节。陈永仁在阿强死后，选择了与警察合作，反黑社会……

步骤四：利用影视剪辑软件，剪辑出符合改编后的镜头。

步骤五：组接改编后的镜头并美化。

步骤六：添加字幕及心理活动符号，表现新的故事情节。

【任务测试】

模仿本任务的改编思路，写出改编刘建明反了警察，帮助黑社会，成为影片中的反面人物。

任务 3.2 《改邪归正》——剪辑的魅力

【工作任务】

通过任务 3.1 的《无间道 1》角色改变创意，利用 Adobe Premiere Pro CC 剪辑影音视频，形成新的影片。

【任务目标】

1. 掌握 Adobe Premiere Pro CC 中剪辑、移动的方法。
2. 能利用快捷键剪辑视频。
3. 掌握 Adobe Premiere Pro CC 剪辑视频的技术与方法。

3.2.1 确定剪辑目标

打开“配套电子资源包/项目 3/任务 3.2/《改邪归正 1》剪辑篇.avi”视频文件，欣赏改编后的影片。其中的两幅截图如图 3-2 所示。

(a)

(b)

图 3-2 《改邪归正 1》的截图

想一想

改编后的影片能表现出陈永仁真的成了正面人物吗?

3.2.2 剪辑视频

1. 新建项目，导入素材

步骤一：启动 Adobe Premiere Pro CC 软件，弹出“欢迎使用 Adobe Premiere Pro”对话框。单击“新建项目”按钮，新建一个项目文件，并命名为“无间道”(图 3-3)，存盘位置设置为“E：/无间道”，如图 3-4 所示。

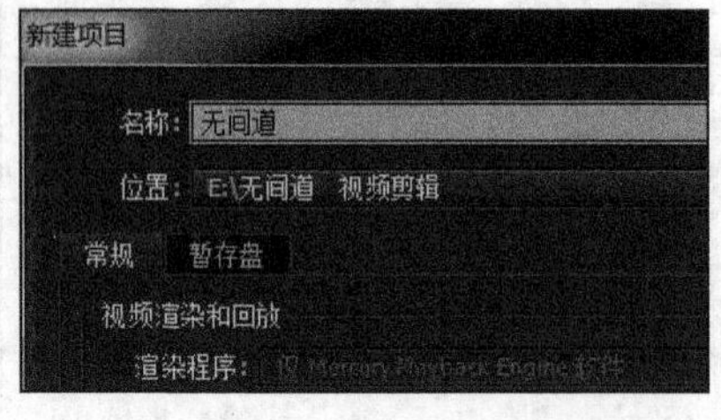

图 3-3 “新建项目”对话框

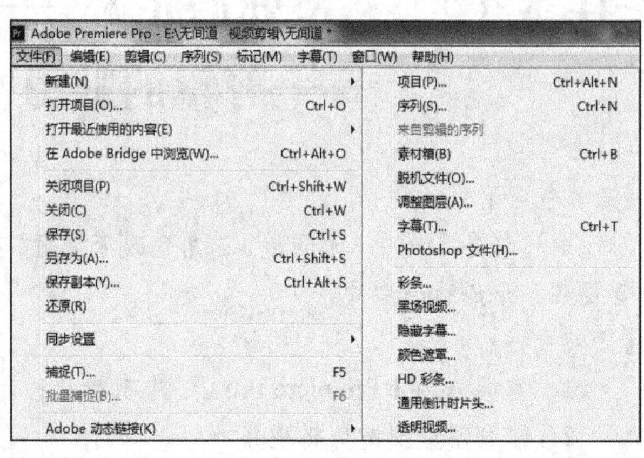

图 3-4 存盘位置

步骤二：在项目面板上右击，在弹出的快捷菜单中执行“新建项目/序列”命令，序列名称为“改邪归正”。

步骤三：导入素材。按快捷键 Ctrl+I 导入素材，在弹出的“导入”对话框中选择视频源后再选择“无间道_01”、“无间道_02”，如图 3-5 所示，然后单击“打开”按钮。

图 3-5　“导入”窗口

2. 剪辑视频

步骤一：剪辑第一段视频。在项目窗口中双击“无间道_02（720P）_baofeng.avi”，在素材源窗口中设置时间为“00:39:44:00”，单击标记入点按钮（快捷键 I）。再设置时间为“00:40:17:00”，单击标记出点按钮（快捷键 O）。

步骤二：单击“插入”按钮，将标记入点到出点位置的视频片段放到时间线上的序列中，如图 3-6 所示。

图 3-6　剪辑视频

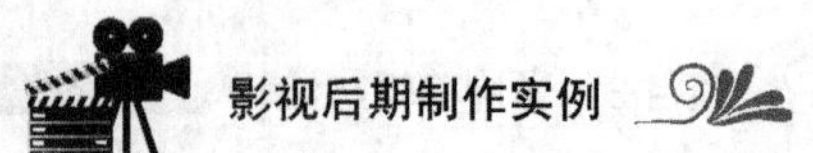

步骤三：利用按照步骤一、步骤二的方法，剪辑余下的50段视频，相关资料如表3-1所示。

表3-1 视频剪辑相关资料

视频段号	镜头（时间段）	文件名
1	00:39:44:00～00:40:17:00	无间道_02（720P）_baofeng.avi
2	00:40:34:14～00:40:37:05	
3	00:40:48:08～00:40:49:01	
4	00:41:25:10～00:41:45:01	
5	00:41:59:05～00:42:09:19	
6	00:42:13:14～00:42:40:07	
7	00:09:34:21～00:09:49:06	
8	00:10:24:01～00:10:28:12	
9	00:10:12:20～00:10:28:15	无间道_01（720P）_baofeng.avi
10	00:17:39:12～00:18:37:23	
11	00:20:38:15～00:22:02:05	
12	00:22:32:21～00:22:50:00	
13	00:22:53:22～00:23:02:04	
14	00:23:21:13～00:23:48:09	
15	00:24:22:01～00:24:26:16	
16	00:28:06:18～00:28:23:16	
17	00:28:36:00～00:29:00:02	
18	00:29:15:17～00:29:18:17	
19	00:46:14:21～00:46:28:21	
20	00:47:02:15～00:47:15:11	
21	00:47:26:21～00:47:48:23	
22	00:02:14:02～00:03:08:04	无间道_02（720P）_baofeng.avi
23	00:04:43:14～00:04:50:01	
24	00:10:41:11～00:11:02:12	
25	00:11:42:05～00:11:48:05	
26	00:11:57:05～00:12:22:09	
27	00:12:41:16～00:13:01:16	
28	00:15:17:16～00:16:16:15	
29	00:16:44:02～00:17:19:02	
30	00:20:34:00～00:21:19:00	
31	00:21:25:05～00:21:29:08	
32	00:21:53:00～00:21:57:18	
33	00:22:03:06～00:22:07:10	
34	00:22:20:15～00:22:32:21	

续表

视频段号	镜头（时间段）	文件名
35	00:29:48:10～00:30:01:10	无间道_02（720P）_baofeng.avi
36	00:13:08:08～00:13:12:08	
37	00:23:01:14～00:23:19:15	
38	00:24:38:17～00:24:55:16	
39	00:25:02:03～00:25:12:24	
40	00:25:25:10～00:25:35:06	
41	00:26:03:18～00:26:11:10	
42	00:26:11:11～00:26:32:10	
43	00:26:51:24～00:27:03:01	
44	00:27:22:04～00:27:52:18	
45	00:27:56:18～00:27:59:21	
46	00:28:25:12～00:28:30:24	
47	00:28:42:14～00:28:54:01	
48	00:29:02:24～00:29:06:05	
49	00:30:15:18～00:30:22:22	
50	00:30:26:15～00:30:28:12	
51	00:08:29:15～00:09:15:13	无间道_01

知识窗

1）剪辑窗口按钮功能介绍如表3-2所示。

表3-2 剪辑窗口按钮功能介绍

图标	名称	作用
	标记入点	设置视频剪辑的起始位置
	标记出点	设置视频剪辑的结束位置
	转到入点	快速跳转到入点位置
	转到出点	快速跳转到出点位置
	逐帧后退	向后退一帧
	逐帧后退	向前进一帧
	播放停止切换	播放与停止播放的切换
	插入	将标志为入点到出点位置的片段放到时间线上关键帧所在位置的序列上
00:06:53:26	播放指示器位置	指示播放的位置
00:03:52:26	入点/出点持续时间	指示入点到出点的视频时长

2）时间线上的快捷键介绍如表 3-3 所示。

表 3-3　时间线上的快捷键介绍

操　作	快 捷 键
标记入点	I
标记出点	O
消除入点	D
消除出点	F
放大时间线	+
缩小时间线	−
移动到入点	Q
移动到出点	W

注意：

1）插入视频片段的位置为时间滑块所在的位置。

2）为了防止时间线上的序列视频被删除，片段与片段之间产生间隙，在插入视频片段的位置为时间线上的上一片段的结束位置。

3. 查看效果

单击节目窗口中的播放窗口，查看剪辑后的效果。

【任务测试】

1. 找出场景切换较大的地方。
2. 能否插入效果使场景切换更加自然？

任务 3.3　美化影片——转场与滤镜的应用

【工作任务】

通过任务 3.2 中《无间道 1》角色改变创意，利用 Adobe Premiere Pro CC 剪辑影音视频，形成具有新故事情节的影片。本任务将在任务 3.2 已经完成的影片上添加转场与滤镜效果，达到美化影片的目的。

【任务目标】

掌握 Adobe Premiere Pro CC 转场与滤镜的添加方法。能修改转场与滤镜的参数，掌握转场与滤镜的使用场合。

3.3.1　分析制作目标

打开“配套电子资源包/项目 3/任务 3.3/《改邪归正 2》.mpg”视频文件，欣赏添加特效后的影片，并回答后面的问题。其中两幅《改邪归正 2》的截图如图 3.7 所示。

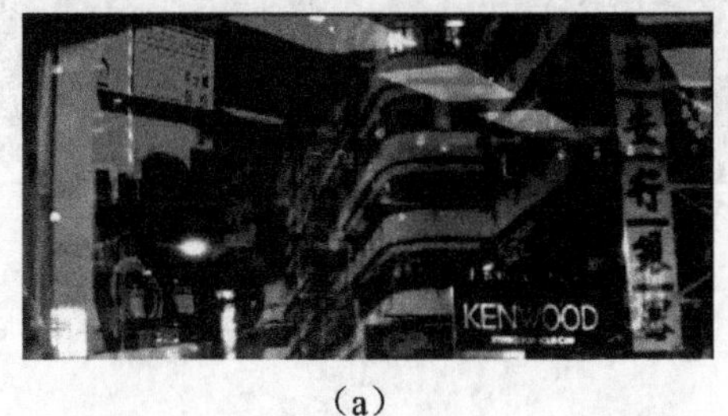

（a）

（b）

图 3-7　《改邪归正 2》截图

问题

《改邪归正 1》与《改邪归正 2》有什么区别？请用简单的语言概括。

3.3.2　添加转场效果

1. 添加第一个视频过渡效果“百叶窗”

步骤一：执行“信息”面板中的“效果/视频效果/百叶窗”命令。

步骤二：按住鼠标左键，拖放到时间线上的第一片段与第二片段之间，设置相关参数如图 3-8 所示。

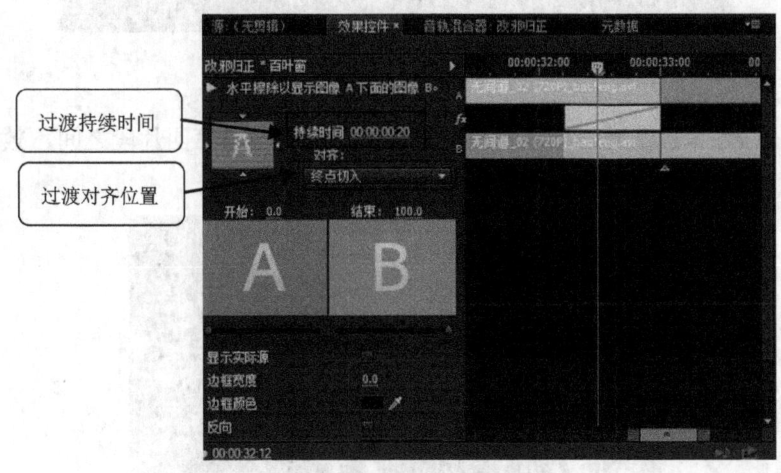

图 3-8　设置相关参数

时间线及效果分别如图 3-9 和图 3-10 所示。

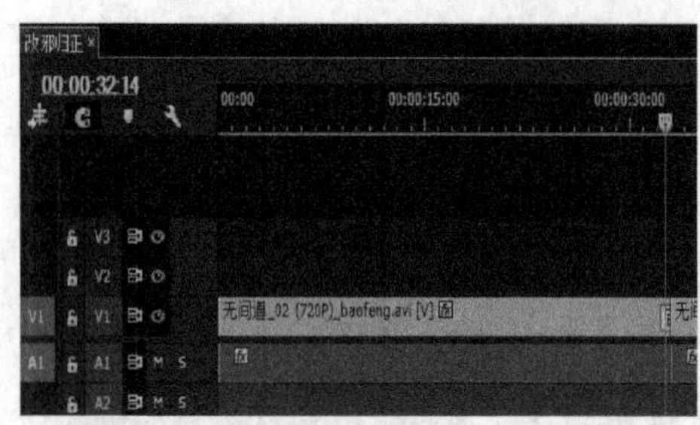

图 3-9　时间线

图 3-10　效果

2. 添加第二个效果“胶片溶解”

步骤一：执行“信息”面板中的“效果/视频过渡/溶解/胶片溶解”命令，参数设置如图 3-11 所示。

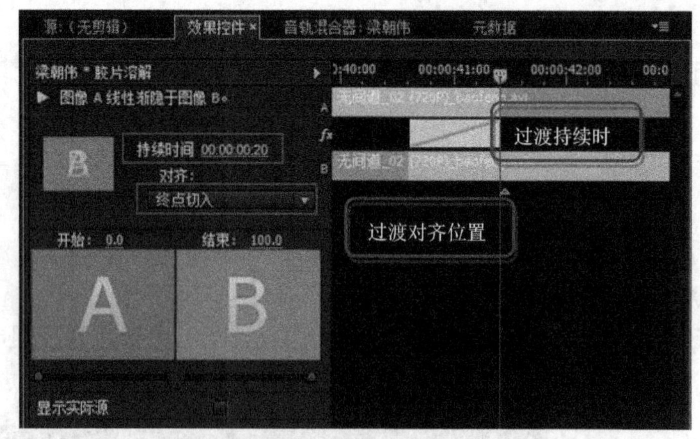

图 3-11　参数设置

步骤二：按住鼠标左键，拖放到时间线上的第三片段与第四片段之间，效果如图 3-12 所示。

图 3-12　效果

3. 添加余下的转场效果

仿照添加“胶片溶解”转场效果方法，为余下的片段之间加上转场效果，参数如表 3-4 所示。

表 3-4 转场效果相关参数

序号	视频过渡的地点	视频过渡效果	过渡效果持续时间	对 齐 方 式
1	第四片段与第五片段间	溶解/渐隐为白色	00:00:01:00	中心切入
2	第六片段与第七片段间	3D 运动/旋转	00:00:01:00	中心切入
3	第八片段与第九片段间	划像/划像形状	00:00:01:00	中心切入
4	第十四片段与第十五片段间	滑动/斜线滑动	00:00:01:00	中心切入
5	第十六片段与第十七片段间	缩放/缩放框	00:00:02:00	中心切入
6	最后一个片段	溶解/渐隐为黑色	00:00:01:00	自定义起点

4. 最后微调

欣赏你添加的转场效果，对不满意的地方进行微调。

知识窗

转场效果也称转场、切换、过渡，主要用于在影片中从前一个场景转换到后一个场景的过渡，即各种剪辑之间的切换或过渡效果。

滤镜是视频与声音特效的总称。Adobe Premiere Pro CC 提供了视频、音频、字幕等多种特效，达到了美化影视、增强视觉冲击力的效果。

3.3.3 视频滤镜的添加与编辑

1）添加“镜头光晕”滤镜（图 3-13），暗示剧情转变。

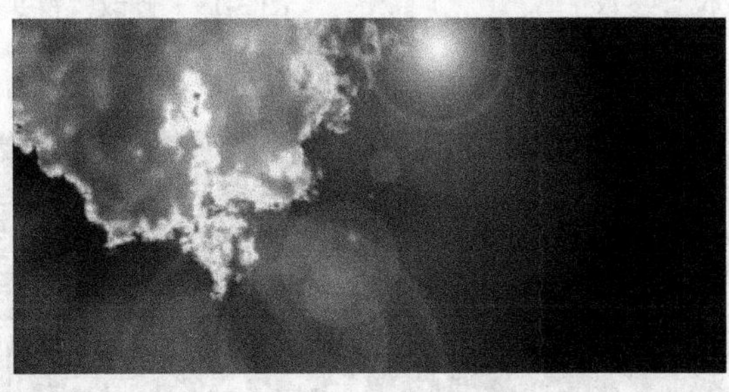

图 3-13 “镜头光晕”滤镜

步骤一：执行“效果”面板下的“视频效果/生成/镜头光晕”命令，如图 3-14 所示。将镜头光晕拖放到第五片段上，如图 3-15 所示。

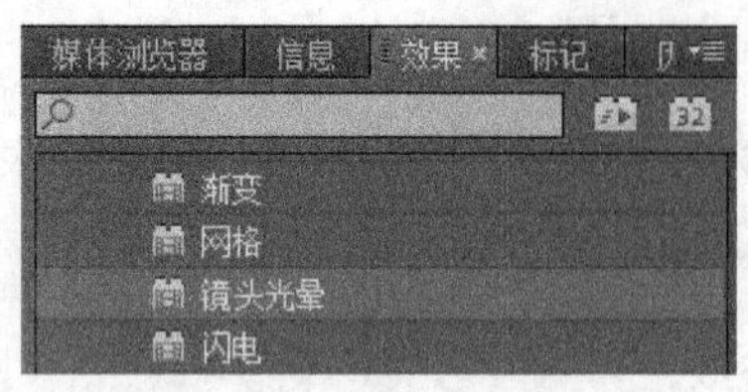

图 3-14 “镜头光晕”

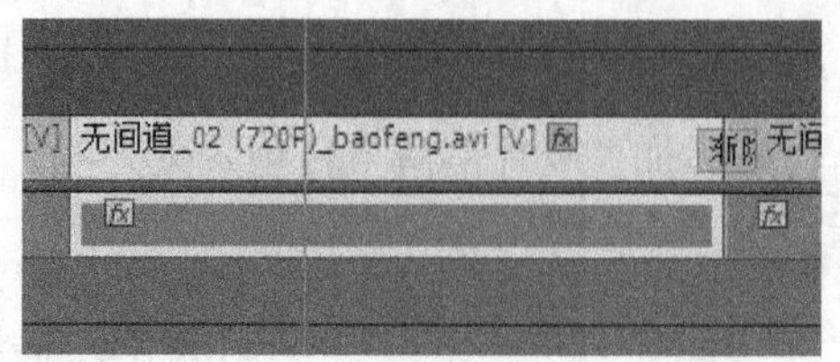

图 3-15 将镜头光晕拖放到第五片段上

步骤二：编辑参数，制作效果。在“效果控件”面板中，修改“镜头光晕”的参数。在“播放指示器位置”处输入时间“00:01:11:00”（图 3-16），将光晕中心设置为“212/109”，单击“镜头光晕/光晕中心的码表”，以添加关键帧；光晕亮度为“0”，单击光晕中心处的码表以添加关键帧，如图 3-17 所示。

图 3-16 指示播放位置参数

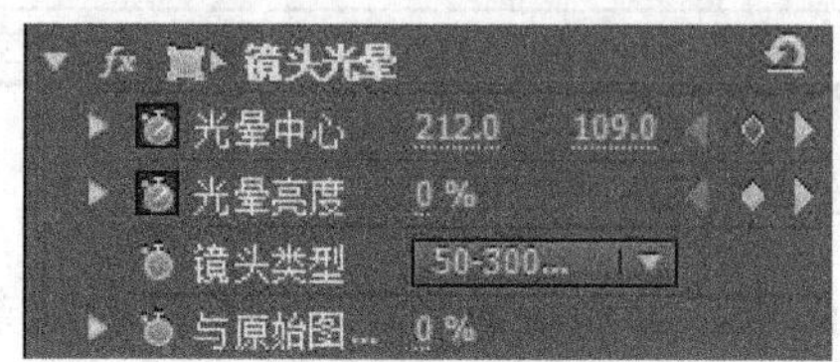

图 3-17 修改“镜头光晕”的参数

步骤三：在“播放指示器位置”处输入时间“00:01:13:24”（图 3-18），将光晕中心设置为“470/110”，光晕亮度设置为“100%”，如图 3-19 所示。

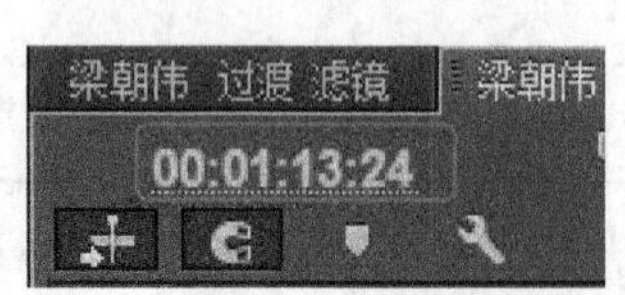

图 3-18 指示播放位置参数

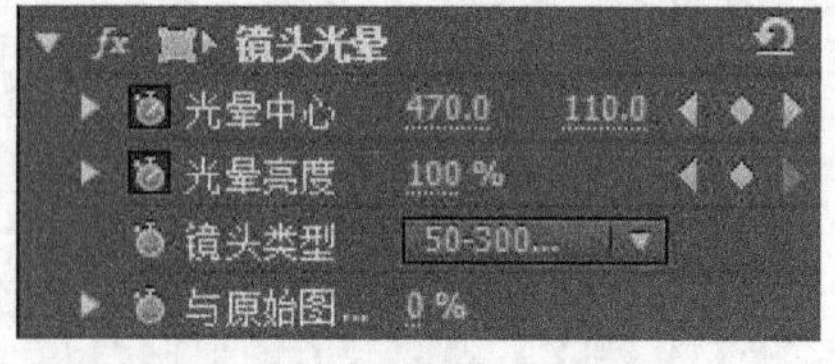

图 3-19 修改“镜头光晕”的参数

2）添加黑白滤镜（图 3-20）：回忆心理活动。

图 3-20 添加黑白滤镜

执行"效果"面板下的"效果/图像控制/黑白"命令，如图 3-21 所示。将镜头光晕拖放到第二十五片段上，如图 3-22 所示。

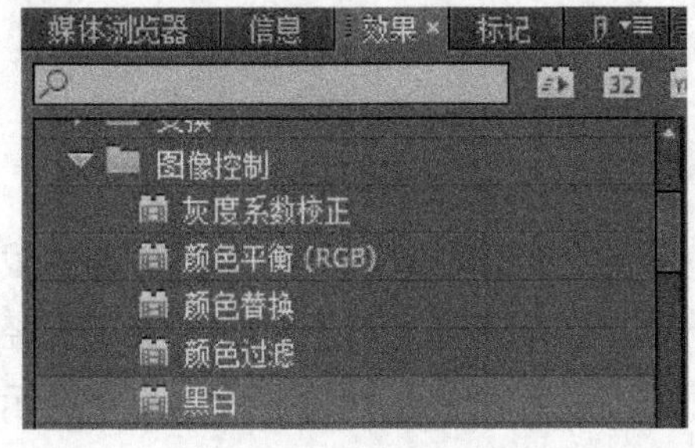

图 3-21　选择"黑白"

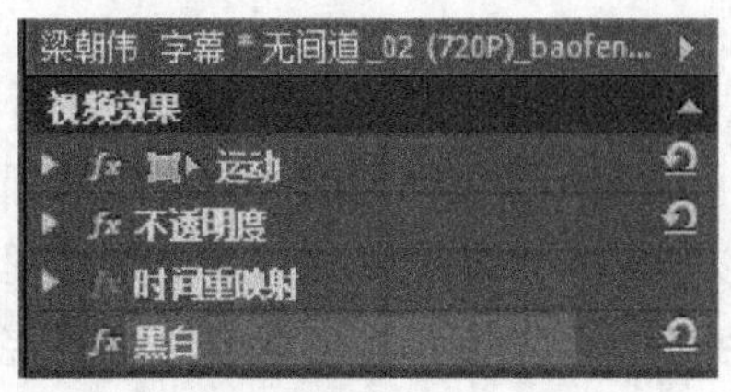

图 3-22　将镜头拖放到第二十五片段上

知识窗

效 果 面 板

效果面板如图 3-23 所示。

图 3-23　"效果"面板

预设：常见效果的预设，可以节省时间，因为无需自己配置效果。

音频效果：设置音频的效果。

音频过渡：对剪辑之间的音频过渡应用交叉淡化，包括"恒定增益"、"恒定功率"和"指数淡化"。

视频效果：设置视频的效果。

视频过渡：包括 10 种类型的交叉淡化。

【任务测试】

在视频的恰当位置添加一个"画中画"特效和"闪电"特效滤镜效果。

任务 3.4 角色心声
——字幕的力量

【工作任务】

字幕是影视节目中的重要组成部分，主要是向用户传递一些视频画面无法表达或难以表现的内容，以便观众更好地理解影片的含义。字幕还可以将严肃的事情变得轻松快乐。本任务将在任务 3.3 中已经完成的影片基础上添加影片标题、演员表、提示符号和表示角色心理活动的字幕，彰显字幕在影片中的作用。

【任务目标】

1．掌握 Adobe Premiere Pro CC 字幕的添加方法。

2．能够添加静态与动态字幕。

3．熟悉字幕面板。

3.4.1 分析制作目标

打开“配套电子资源包/项目 3/任务 3.4/《改邪归正 3》.mpg”文件，欣赏视频。该视频的几幅截图如图 3-24 所示。

（a）

（b）

（c）

刘德华 · 饰演 · 刘建明
曾志伟 · 饰演 · 韩琛
陈冠希 · 饰演 · 少年刘建明
陈慧琳 · 饰演 · 李心儿（心理医生）

（d）

图 3-24 《改邪归正 3》截图

添加字幕或提示符号对故事的展开起到什么作用？

3.4.2 添加影片标题

1）执行“文件/新建/字幕”命令，在弹出的“新建字幕”对话框中设置字幕的“高度”、“宽度”、“时基”和“像素长宽比”等参数，在“名称”后的文本框中输入“片名字幕”，单击“确定”按钮，如图3-25所示。

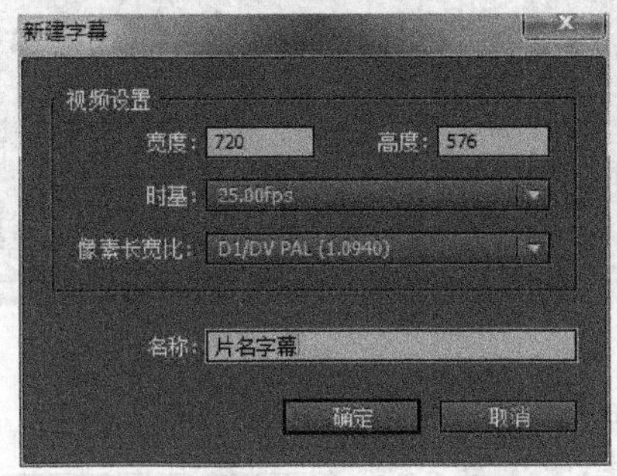

图3-25 新建字幕

2）在字幕工作区中，单击“文字工具”按钮，在工作区中单击输入文字“改邪归正”。

3）修改字幕样式。选择文字“改邪归正”，选择字体样式为“hobostd slant gold 80”，设置字体为“幼圆”，字号为“70”，行距为“50”，如图3-26所示。

图3-26 修改字幕样式

4）在字幕工作区中，单击“文字工具”按钮，在工作区中单击输入文字“由《无间道1》改编而来”，参数设置及效果如图3-27所示。

图3-27 参数设置及效果

3.4.3 添加符号字幕，表达演员心声

1）执行“字幕/新建字幕/默认静态字幕”命令，在弹出的“新建字幕”对话框（图3-28）中设置视频宽度为“720”，高度为“576”，时基为“25fps”，像素长宽比为“D1/DV PAL（1.0940）”，在“名称”后的文本框中输入“心声1”，单击“确定”按钮。

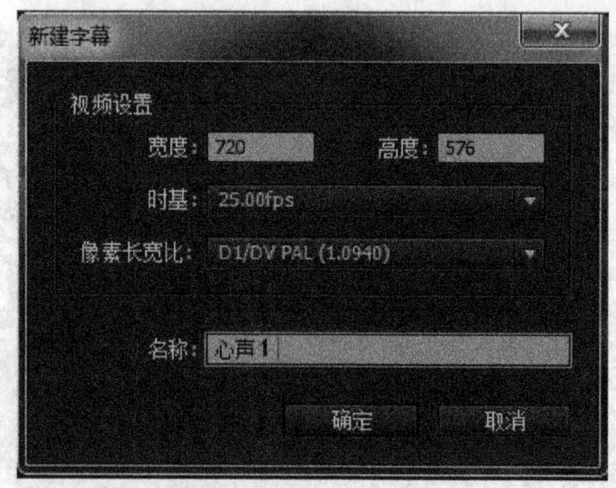

图3-28 新建字幕

2）在字幕工作区中，单击椭圆工具按钮，在工作区中按住鼠标左键拖动绘制一个椭圆。修改椭圆的参数（图3-29）：不透明度为“50%”，宽度为“255”，高度为“80”。颜色填充（图3-30）：“实底”，蓝紫色。

变换	
不透明度	50.0 %
X 位置	305.1
Y 位置	304.5
宽度	255.0
高度	80.0
旋转	0.0 °

图 3-29　修改椭圆的参数

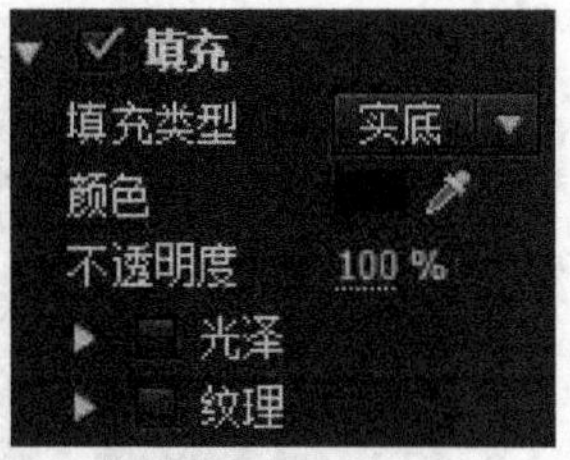

图 3-30　颜色填充

3）单击“文字工具”按钮，输入文字“他会藏在哪儿？”设置字号为“30”，选择样式“caslon Italic Bluesky 64”。完成后效果如图 3-31 所示。

图 3-31　效果

4）执行“字幕/新建字幕/默认静态字幕”命令，在弹出的“新建字幕”对话框中设置视频宽度为“720”，高度为“576”，时基为“25fps”，像素长宽比为“D1/DV PAL（1.0940）”，在“名称”文本框中输入“符号字幕”，单击“确定”按钮。单击“直线工具”按钮，在工作区中按住鼠标左键不放拖动，绘制直线，设置其参数，如图 3-32 所示。

变换	
不透明度	100.0 %
X 位置	402.5
Y 位置	159.7
宽度	118.4
高度	62.0
旋转	0.0 °

（a）

属性	
图形类型	
线宽	24.0
大写字母…	
连接类型	
斜接限制	5.0

（b）

填充	
填充类型	实底
颜色	
不透明度	100 %
光泽	
纹理	

（c）

图 3-32　设置直线参数

做一做

依照上面的方法，制作如图 3-33 所示的符号字幕，表达刘建明寻找的心理。

图 3-33 符号字幕

3.4.4 游动字幕片尾

步骤一：执行“字幕/新建/默认游动字幕”命令，在弹出的“新建字幕”对话框（图 3-34）中设置字幕的“宽度”、“高度”、“时基”和“像素长宽比”等属性，在“名称”后的文本框中输入“演员表字幕”，单击“确定”按钮。

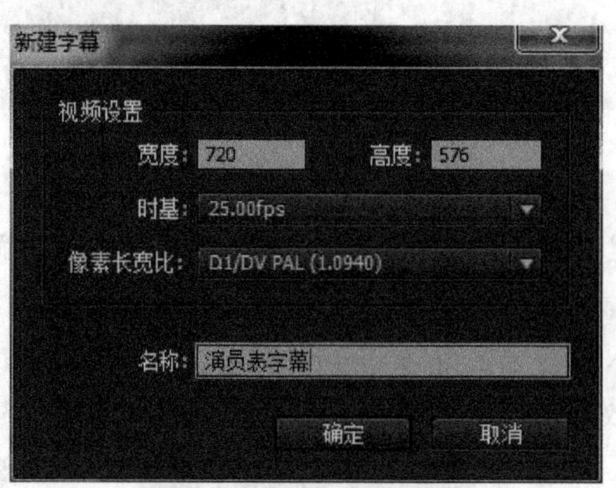

图 3-34 新建字幕

步骤二：在字幕工作区中，单击“区域文字工具”按钮，在工作区中按鼠标左键拖动后输入如下文字。

刘德华 · 饰演 · 刘建明

曾志伟 · 饰演 · 韩琛

陈冠希 · 饰演 · 少年刘建明

陈慧琳 · 饰演 · 李心儿（心理医生）

梁朝伟 · 饰演 · 陈永仁

黄秋生 · 饰演 · 黄志诚

步骤三：修改字幕样式（图 3-35）。选择文本，设置字体为“华文仿宋”，字号为“30”，行距为“30”，字体颜色为“白色”。单击水平和垂直居中按钮，使文本处于中心位置。

图 3-35　修改字幕样式

步骤四：选择字幕文本，执行“字幕”菜单下的“滚动/游动选项”命令（图 3-36），在弹出的对话框内将“字幕类型”选择为“滚动”，并勾选“开始于屏幕外”、“结束于屏幕外”复选框。“滚动/游动选项”中的功能介绍如表 3-5 所示。

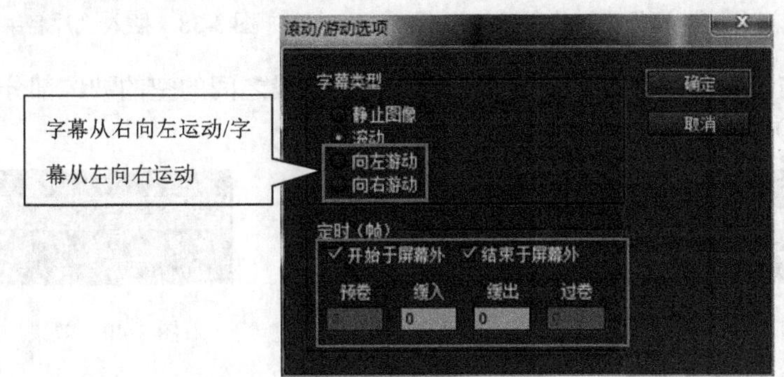

图 3-36　滚动/游动选项

表 3-5　“滚动/游动选项”中的功能介绍

滚动/游动选项	功 能 介 绍
向左游动	字幕从右向基运动
向右游动	字幕从左向右运动
开始于屏幕外	将字幕运动的起始位置设于屏幕外侧
结束于屏幕外	将字幕运动的结束位置设于屏幕外侧

续表

滚动/游动选项	功能介绍
预卷	字幕在运动之前保持静止的帧数
缓入	字幕在到达正常播放速度之前，逐渐加速的帧数
缓出	字幕在即将结束时，逐渐减速的帧数
过卷	字幕在运动之后保持静止的帧数

3.4.5 插入字幕到时间线

1. 将字幕“片名字幕”拖放到时间线上

视频剪辑时，视频片段将自动放到时间线 V1 上，并按照剪辑的顺序进行排列，而字幕“片名字幕”也有一定的时间。如果将字幕“片名字幕”放到时间线 V1 上，时间线 V1 上原有的视频将会被自动切除。为了避免视频片段被切除，现先将时间轨往后移动一段时间。

步骤一：选择所有的视频片段，按住鼠标左键不放往后移动一定的距离，如图 3-37 所示。

步骤二：将素材库中的字幕“片名字幕”从素材库中拖放到时间线 V1 上，如图 3-38 所示。

图 3-37　整体移动视频剪辑片段

图 3-38　插入“片名字幕”

步骤三：波纹删除。选择“片名字幕”与视频片段之间的空的波纹部分，右击“波纹删除”（图 3-39），完成后的效果如图 3-40 所示。

图 3-39　波纹删除

图 3-40　效果

2. 将表示角色心声的字幕添加到时间线上

步骤一：将字幕“心声Ⅰ”拖到时间线 V2 上，放到第一片段之上，如图 3-41 所示。

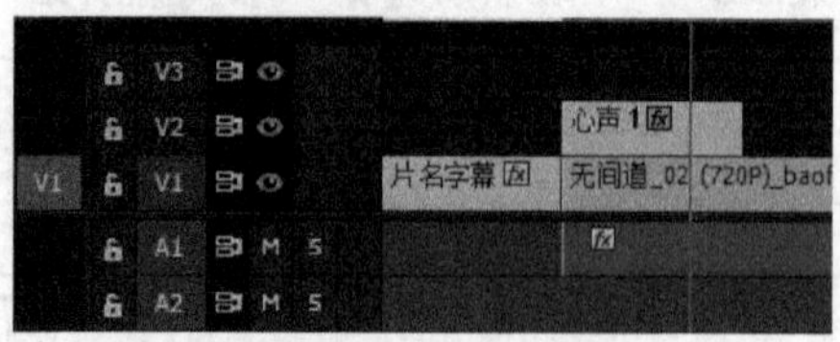

图 3-41　插入“心声 1”字幕到轨道 V2

步骤二：选择“形状字幕”，将其拖放到时间线 V2 上的第一片段之上，如图 3-42 所示。将时间定位到“00:00:13:06”处，选择“形状字幕”，将鼠标置于“形状字幕”的结尾处，当出现时，按住鼠标左键向左拖动直至时间指针处。

步骤三：制作“形状字幕”的动画效果。选择时间线 V2 上的形状字幕，将时间调节至“00:00:10:18”处，单击“效果控件/视频效果/运动/位置”处的时间码表按钮，添加一个关键帧，移动“形状字幕”的位置，如图 3-43 所示。

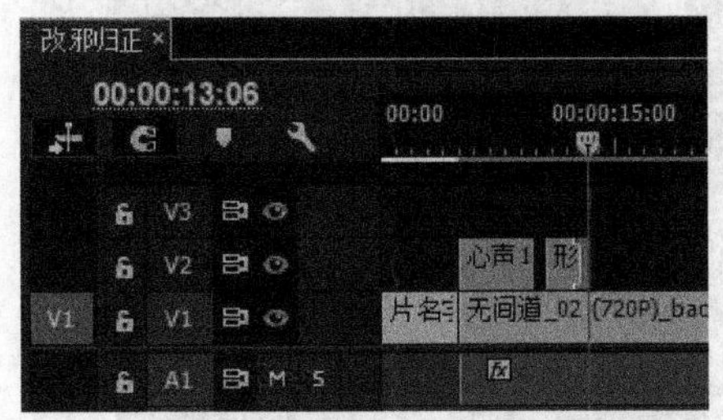

图 3-42 将“开头字幕”拖到第一片段之上

图 3-43 制作“形状字幕”的动画效果

步骤四：将时间调节至“00:00:13:02”，调节形状的位置添加上另一个关键帧，完成形状的动画效果制作。

3. 添加“演员表字幕”

单击节目窗口的“转到出点”按钮，将“演员表字幕”拖放到时间线 V1 上（图 3-44），完成后预览效果。

图 3-44 添加“演员表字幕”

3.4.6 渲染输出

按快捷键 Ctrl＋M，弹出“导出设置”对话框。设置对话框中格式为“MPEG2”，预设为“HD 720p 25”（图 3-45），长宽比为“16∶9”，电视标准为“PAL”。设置完成后单击“导出”按钮等待导出完成即可。

图 3-45 “导出设置”对话框

【任务测试】

将片尾字幕改为从右到左的竖式字幕。

【知识链接】

《无间道》导演介绍和剧情简介

1.《无间道 1》导演简介

刘伟强：摄影出身。1960 年出生于香港。自小爱好摄影，1980 年中学毕业后投身邵氏兄弟（香港）有限公司。第一部参与的电影为刘家良导演的《十八般武艺》，当一名摄影小工。1985 年正式担任摄影师，作品有《龙虎风云》、《旺角卡门》等。1990 年开始执导，拍摄了《朋党》、《人皮灯笼》、《庙街故事》等影片。1995 年与文隽、王晶合组最佳拍档电影制作公司。1996 年执导最佳拍档的创业作《古惑仔之人在江湖》。此片成绩斐然，接连三部“古惑仔”系列电影全部进入当年香港十大卖座电影行列，掀起香港影坛的江湖片热潮。“古惑仔”系列更是连拍六集，刘伟强也一举进入一线导演行列，其后连续拍摄了多部大制作卖座强片。

刘伟强的代表作是《无间道》三部曲。这三部作品不但令他名利双收，也令他在影坛上的地位更上一层楼。其中，《无间道》于第二十二届香港电影金像奖颁奖礼当中夺得了“最佳电影奖、”“最佳导演奖”、“最佳编剧奖”、“最佳男主角奖”、“最佳男配角奖”、“最佳剪接奖”和“最佳原创电影歌曲奖”七个奖项，令刘伟强一夜间成为香港影坛的一个神话。

2.《无间道2》简介

《无间道2》的故事由10年前陈永仁与刘建明在警校大门外擦身而过开始。1991年，倪氏家族稳坐香港的黑帮龙头位置，旗下有五大头目分别控制了不同的地区。但龙头倪坤突然被枪杀。当晚，除了新晋头目的韩琛（曾志伟饰）之外，其余四大头目均欲伺机夺取老大的位置。重案组督察黄志诚（黄秋生饰）及陆启昌（胡军饰）也加紧部署防范，各方都将陷入一触即发的火线状态中。倪家接班人倪永孝（吴镇宇饰）城府极深且心狠手辣，竟凭他一己之力，不费一兵一卒便牵制住四大头目，成为新任龙头，也因此引起了黄警督对他的疑心，于是派警校的学生陈永仁（余文乐饰）以被开除的身份掩盖，渗入倪家进行长期卧底。另一方面，韩琛为巩固势力，也早已安排手下刘建明考进警察部队作为自己的卧底。三年后，陈永仁取得倪永孝的信任，在家族中任要职。刘建明也凭着向警队提供韩琛的情报扶摇直上，并且对韩琛女友Mary（刘嘉玲饰）渐生情愫。倪永孝在一切稳固之后，决定将五大头目一举歼灭，使自己的龙头地位名副其实。于是一夜之间，曾经背叛倪氏家族的四大头目同时被杀，而韩琛也在泰国受袭下落不明，就连Mary和陆启昌也没有逃过此劫。黄志诚痛失好友，决意联合重出江湖的韩琛向倪永孝反击，但没想到韩琛已性情大变，比倪永孝更不受控制，整个局面再度失控，陷入新一轮的争斗中。

3.《无间道3》简介

《无间道3》陈永仁（梁朝伟饰）被杀后，刘建明（刘德华饰）也被警队内部调查，因此被派做没有权力的事务性工作。与妻子Mary的婚姻破裂，使得身心俱疲的刘建明每日的生活十分痛苦。而警队内，一颗明日之星正在崛起——不到四十岁的年轻警司杨锦荣（黎明饰）一步一步迈向警队高层，刘建明忽然想起了以前的自己……

一次机缘，刘建明与杨锦荣成为好友，却发现杨锦荣神秘的一面，于是他开始了调查杨锦荣的过程，却因为始终得不到最终的答案开始对自己产生怀疑。陈永仁做卧底跟随韩琛已有两年的时间。为了得到他的信任，陈永仁不惜以身试法。上司黄志诚没有办法控制这样的局势，陈永仁也渐渐迷失了自己，于是警署让他去找专门的心理医生李心儿（陈慧琳饰）治疗。在催眠治疗期间，陈永仁泄露了自己真实身份。李心儿半信半疑间，对陈永仁的个性和背景发生了兴趣。她想去了解他、帮助他，走进他的内心，而陈永仁也只有在李心儿的诊所里才能找回最真实的自我。刘建明和陈永仁这对卧底冤家在无间道的路上越走越远，一个走向天堂，另一个走向地狱。

项 目 测 试

一、理论测试

1．简述导入素材的方法。

2．视频过渡与视频滤镜有何区别？

3．简述字幕的类型。

二、技能测试

1．结合添加字幕的方法，完成视频中其他字幕的制作。

2．改写《无间道 1》的剧情，将剧中的刘建伟由一个警察改编为为贩毒集团的韩琛提供信息的卧底。为改编的影片取一个片名，为视频添加视频过渡效果及其他滤镜，并添加滚动的演员表，最后渲染输出。

项目 4
影视特效应用

项目介绍

“公园不在我家里，我家住在公园里”“卓越地段，超大社区”“入住准现楼，升值在望”……打开电视，翻开报纸，望望街边的广告屏幕，这些楼盘广告语一定让你应接不暇。特别是房地产楼盘宣传片中的绚丽多彩、房间的逼真展示让人羡慕不已。精彩的宣传片片头已成为影视制作技术人员所追求的目标。本项目以制作“雍悦豪苑”宣传片为例，介绍楼盘宣传片的前期创意流程，Adobe After Effects CC 制作宣传片采用的各种变形特效和多种合成技术之间的灵活切换技术。

教学目标

1．了解房地产楼盘宣传片的前期创意。

2．掌握楼盘宣传片的制作思路。

3．学会 Adobe After Effects CC 粒子特效及三维图层动画制作方法。

4．掌握影像后期合成的步骤和方法。

任务 4.1 “雍悦豪苑”宣传片片头的前期创意

【工作任务】

根据“雍悦豪苑”的需求，完成楼盘宣传片片头的前期创意、制作思路与步骤。

【任务目标】

了解宣传片片头的制作流程，掌握设计宣传片片头的前期创意思路，学会制作宣传片的前期创意制作方法。

4.1.1 楼盘宣传片的设计思路和操作步骤

1. 楼盘宣传片的制作要求

（1）楼盘宣传片分析

楼盘宣传片是以宣传为主，以推广为目的的一种新型的重要营销辅助手段。它以唯美的视觉画面来展现楼盘的品质，以美好、幸福的生活画面来诠释楼盘的定位，将楼盘未来的布局、外观、绿化、周边环境等一系列楼盘的配套设施展示出来，突破了时间和空间的局限，能让购房者更直观快捷地了解楼盘信息。

（2）楼盘宣传片策划

一部完整的楼盘宣传片，一般都要经过策划后才能进行创作，大体对宣传片的主题进行分割，确定主题通过哪几个部分来展现。策划的过程：①开篇说明，引出楼盘项目；②楼盘全貌及室内展示；③周边配套设施展现；④片尾引出开发商。

2. 制作“雍悦豪苑”宣传片片头的设计思路

“雍悦豪苑”是一个高端别墅群建筑楼盘，该楼盘风景秀丽、环境优美、配套设施齐全、交通便利，是本城市的最优小区。宣传片以“在多变的云彩中，一轮金灿灿的太阳冉冉升空”开篇，寓意着“雍悦豪苑”在众多楼盘中脱颖而出，向消费者传达“入住‘雍悦豪苑’，你将有飞黄腾达的机遇”这一信息。接着，一张张闪着白色粒子的立体效果图鱼贯而出，给观众真实而豪华的实景享受。最后，一排排立体楼盘效果图从远而近，向观众展示“雍悦豪苑”期待你入住，值得你拥有。

3. 制作“雍悦豪苑”宣传片片头的操作步骤及要点

1）使用分形杂色特效来完成影片背景合成。

2）利用形状图层制作宣传图胶片边框。

3）使用蒙版技术制作太阳光。

4）利用 CC Particle World 特效、发光特效制作粒子效果。

5）导入效果图素材，给每张图片制作 position（位置）、scale（缩放）、opacity（透明度）、旋转等关键帧动画，最后利用摄像机运动，实现楼盘宣传片的合成制作。

6）加入背景音效，添加音频特效，再整体调整，最后渲染输出成片。

写一写

根据“雍悦豪苑”宣传片的设计思路及品质需求，为该楼盘写两句广告语。

4.1.2　分析制作目标

打开“配套电子资源包/项目 4/楼盘宣传片.avi”文件，欣赏样片。该片的四幅截图，如图 4-1 所示。

（a）

（b）

（c）

（d）

图 4-1　楼盘宣传片截图

【任务测试】

本片是否符合“雍悦豪苑”宣传片的设计思路？

任务 4.2　制作光效
——图层模式的应用

【工作任务】

利用遮罩动画、梯度渐变、分形杂色来制作变化的云彩和金灿灿的太阳。

【任务目标】

1．能用 Adobe After Effects CC 建立合成固态层和形状图层。
2．会制作关键帧动画及遮罩动画。
3．掌握梯度渐变、分形杂色等滤镜的操作方法。
4．能用“合成嵌套”完成图像的合成。

4.2.1　分析制作目标

打开“配套电子资源包/项目 4/背景.avi”文件（彩图 1），欣赏动画。

问题

1. 本片你最欣赏的场景是什么？
2. 依你目前的技能水平，你能完成哪部分效果制作？

4.2.2　制作光束形状

步骤一：在菜单栏中执行“合成/新建合成”命令，参数设置如图 4-2 所示。

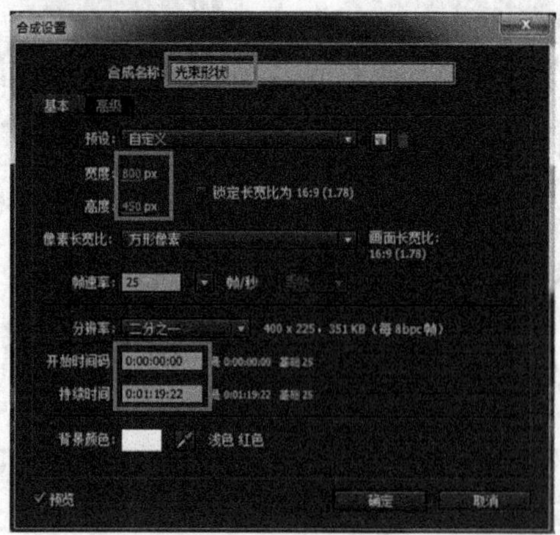

图 4-2　参数设置

步骤二：按快捷键 Ctrl＋Y 新建一个颜色为黄色的纯色层，命名为“黄色”，使用矩形工具绘制五个蒙版，并设置蒙版羽化值为“12”，如图 4-3 所示。

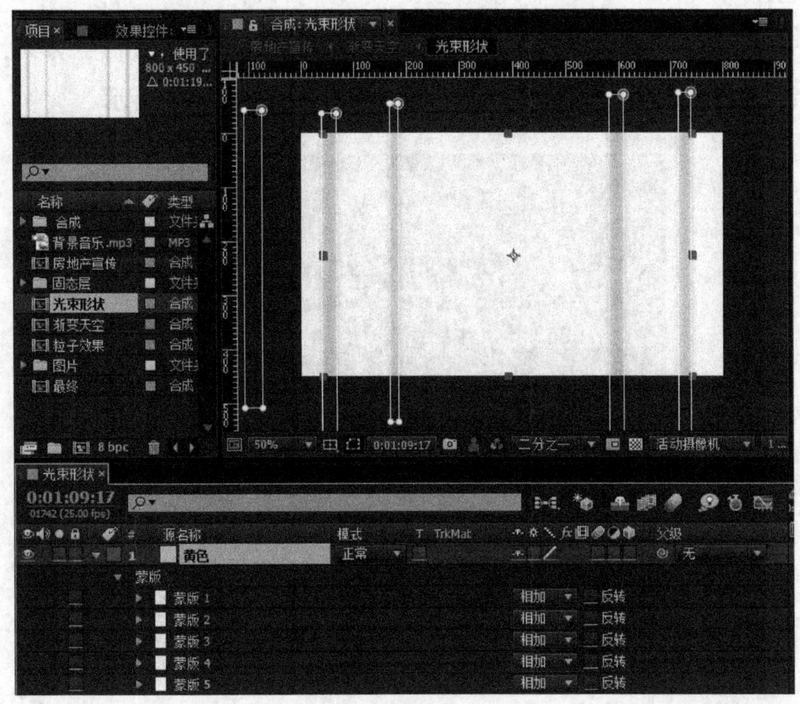

图 4-3　绘制蒙版

问题

是否可以直接使用矩形工具绘制图形来代替蒙版？

做一做

直接使用工具绘制光束图形。

知识窗

蒙　　版

蒙版，实际是一个路径或者轮廓图，用于修改层的 Alpha 通道。缺省情况下，Adobe After Effects CC 层的合成均采用 Alpha 通道。对于运用了蒙版的层，将只有蒙版里面部分的图像显示在合成图像中，创建蒙版后可以只对影像的一部分进行处理，从而形成特殊效果。

4.2.3 制作渐变天空

1. 背景制作

步骤一：按快捷键 Ctrl＋N 新建一个合成，参数设置如图 4-4 所示。

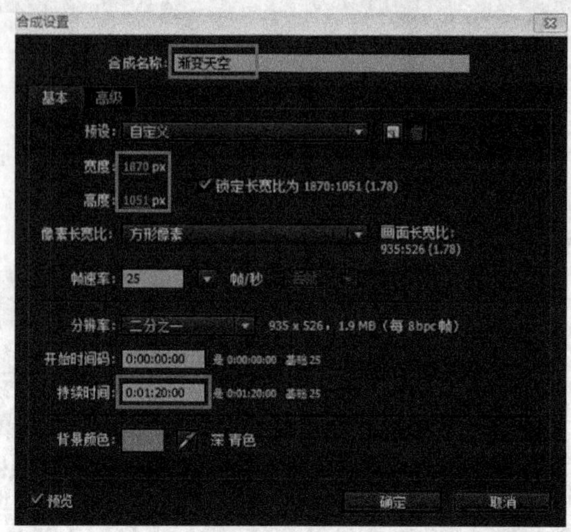

图 4-4 参数设置

步骤二：按快捷键 Ctrl＋Y 新建与“渐变天空”一样大小的纯色层，命名为“层 1”，再添加“梯度渐变”效果，起始颜色 RGB（106，79，5），结束颜色 RGB（89，6，97）；参数设置如图 4-5 所示，效果如彩图 2 所示。

步骤三：按快捷键 Ctrl＋Y 新建与“渐变天空”一样大小的纯色层，颜色任意，命名为“层 2”，给“层 2”添加“杂色和颗粒/分形杂色”特效，设置对比度为“174”，亮度为“－57”。展开变换参数，取消勾选“统一缩放”，设置缩放宽度为“1635”，缩放高度为“100”，其余默认。参数设置如图 4-6 所示，效果如彩图 3 所示。

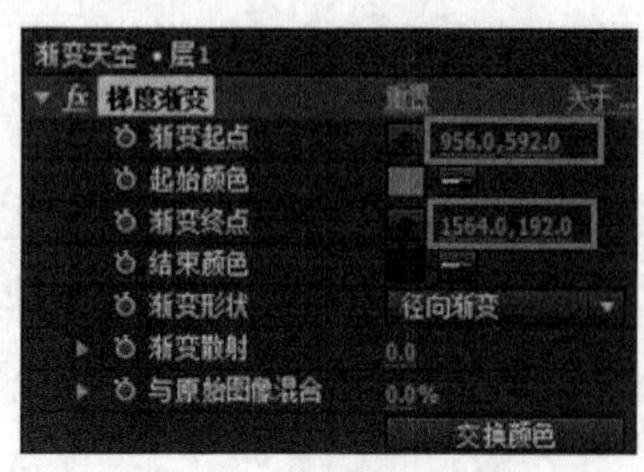

图 4-5 参数设置一

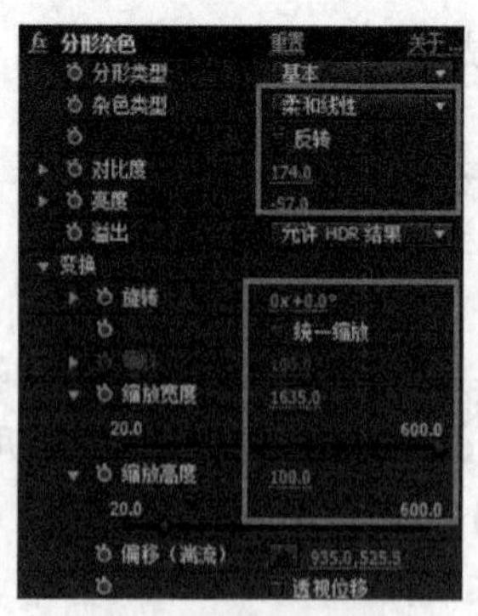

图 4-6 参数设置二

步骤四：选择“层 2”，在“模式”下拉列表中选择“相加”；设置分形杂色效果中的“演化”参数在 0:00:00:00 处为“0x＋0”，0:00:01:20 处为“50x＋25”；将该图层模式设置为“相加”。参数设置如图 4-7 所示，效果分别如彩图 4～彩图 6 所示。

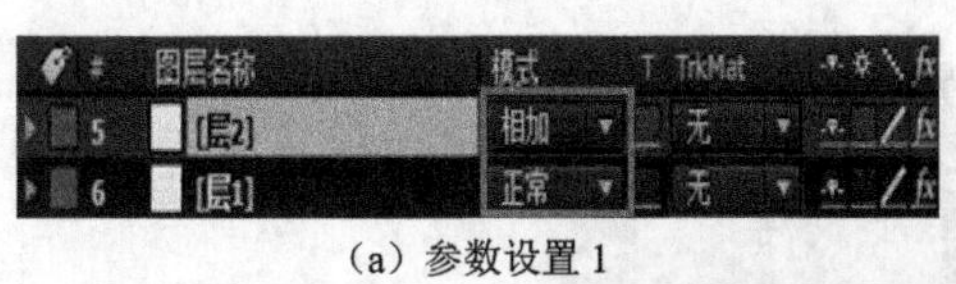

（a）参数设置 1

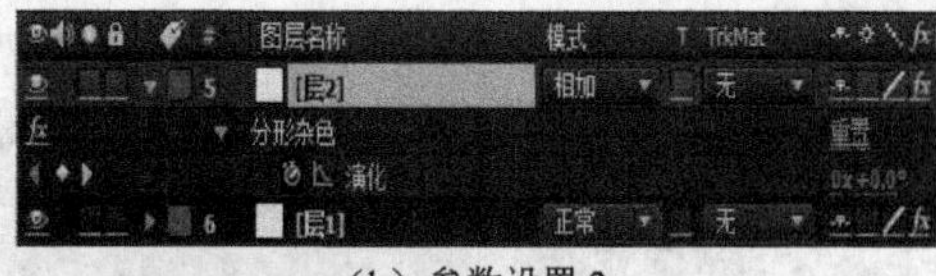

（b）参数设置 2

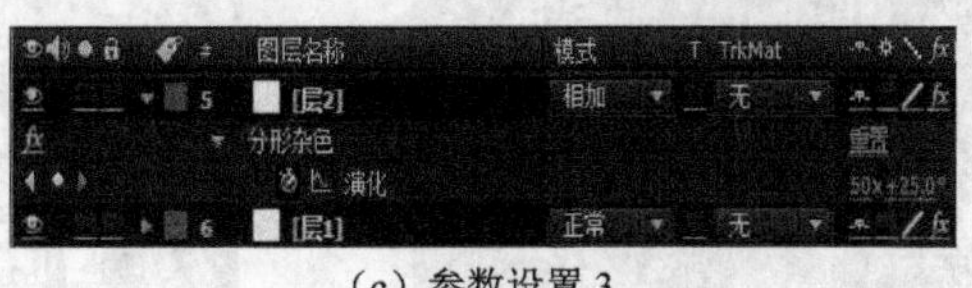

（c）参数设置 3

图 4-7　参数设置及相应效果

知识窗

图层的混合模式

图层的混合模式控制每个图层如何与它下面的图层混合或交互。大多数混合模式仅修改源图层的颜色值，而非 Alpha 通道。“Alpha 添加”混合模式影响源图层的 Alpha 通道，而轮廓和模板混合模式影响它们下面的图层的 Alpha 通道。

变暗：结果颜色通道值是源颜色通道值和相应的基础颜色通道值中的较低者（较深者）。

相加：结果颜色通道值是源颜色和基础颜色的相应颜色通道值的和。结果颜色绝不会比任一种输入颜色深。

变亮：结果颜色通道值是源颜色通道值和相应的基础颜色通道值中的较高者（较亮者）。

叠加：将输入颜色通道值相乘或对其进行滤色，具体取决于基础颜色是否比 50%灰色浅。结果保留基础图层中的高光和阴影。

相减：从基础颜色中减去源颜色。如果源颜色是黑色，则结果颜色是基础颜色。在 32-bpc 项目中，结果颜色值可以小于 0。

模板 Alpha：使用图层的 Alpha 通道创建模板。

模板亮度：使用图层的亮度值创建模板。图层的浅色像素比深色像素更不透明。

轮廓 Alpha：使用图层的 Alpha 通道创建轮廓。

步骤五：按快捷键 Ctrl＋Y 新建“渐变天空”一样大小的纯色层，颜色黄色，命名为“层 3”；在时间线面板中选中“层 3”，按 S 键设置缩放值为“50%”，使用椭圆工具绘制蒙版，展开“蒙版 1”设置蒙版羽化值为“490 像素”。参数设置及效果如彩图 7 所示。

步骤六：从项目面板中将“光束形状”拖动到时间线面板中，按 P 键设置位置为（890，

530），按 S 键设置缩放值为“650%”，按 T 键设置不透明度为“20%”；再添加“扭曲/极坐标”特效，设置差值为“100%”、转换类型为“矩形到极线”。然后选择“光束形状”，按快捷键 Ctrl＋D 复制一层，将层的模式设置为“相加”。参数设置如图 4-8 所示，效果如彩图 8 所示。

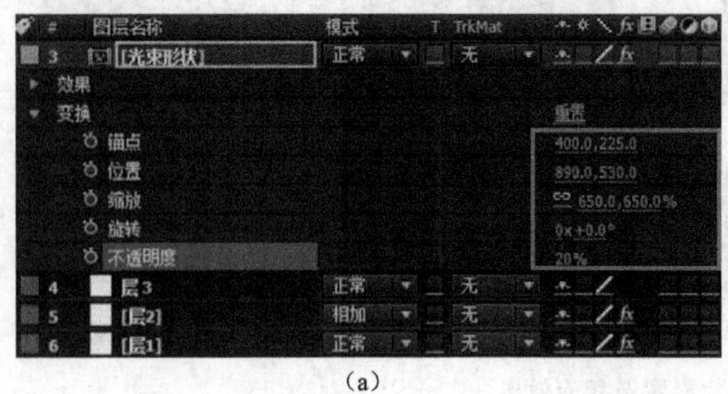

（a）

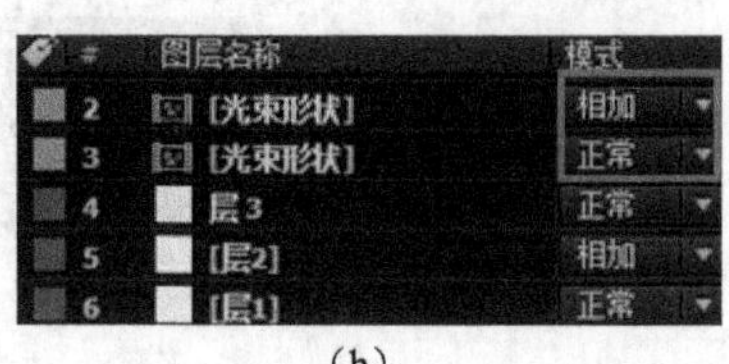

（b）

图 4-8　参数设置

步骤七：按快捷键 Ctrl＋Y，新建“渐变天空”一样大小的纯色层，颜色白色，命名为“层 4”。选择“层 4”，配合按 S 键设置缩放高度为“150”，并使用矩形工具绘制蒙版，设置不透明度为“90%。参数设置及效果如彩图 9 所示。

为什么用遮罩框选合成的下半部分而不是上半部分？

【任务测试】

为本任务中的太阳光添加旋转上升效果。

任务 4.3　制作宣传图
——形状图层的应用

【工作任务】

利用形状图层制作图片的胶片边框，以修饰图片，增加美观度，提高欣赏性。

【任务目标】

掌握 Adobe After Effects CC 中固态层、形状图层的建立与应用，学会制作图形边框。

4.3.1　分析制作目标

打开“配套电子资源包/项目 4/任务 4.3/宣传图.avi”欣赏样片，如图 4-9 所示。

图 4-9　宣传图

4.3.2　制作宣传图边框

1. 制作胶片形状

步骤一：在菜单栏中执行“合成/新建合成”命令，在“合成设置”对话框中设置参数如图 4-10 所示。

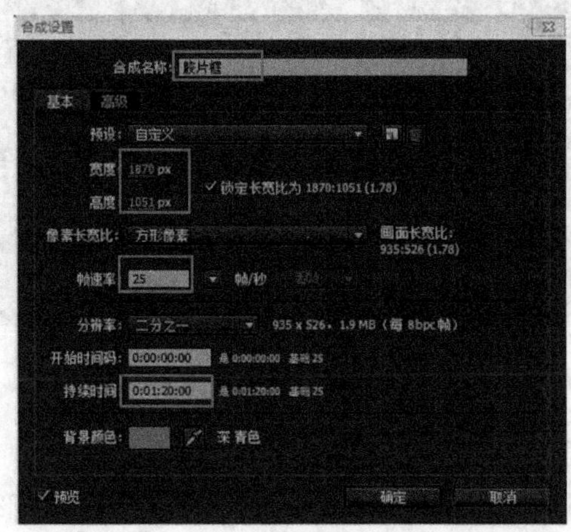

图 4-10　设置参数

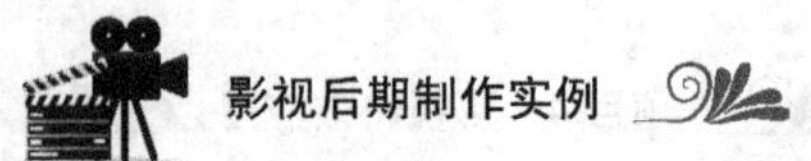

步骤二：按快捷键 Ctrl＋Y 新建一个纯色层，命名为“黑色层”，大小为“720px×1051px”，颜色为黑色，参数设置如图 4-11 所示。

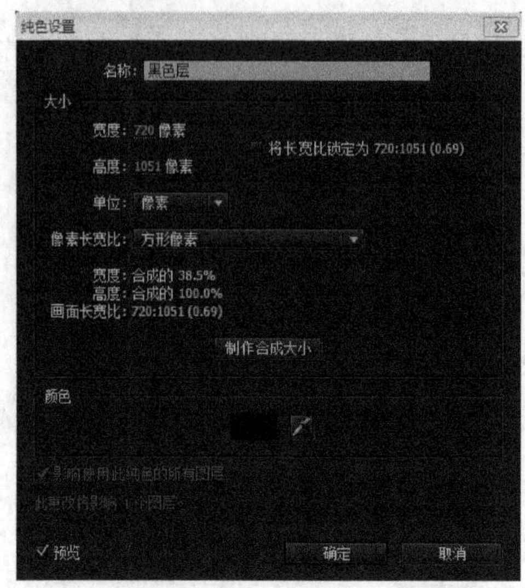

图 4-11　纯色层参数设置

步骤三：在时间线面板中选择“黑色层”，按 S 键设置缩放值为（130，66），使用圆角矩形工具绘制一个大小为“80 像素×94 像素”的形状；并展开矩形路径设置圆度值为“20”。参数设置如图 4-12 所示，效果如彩图 10 所示。

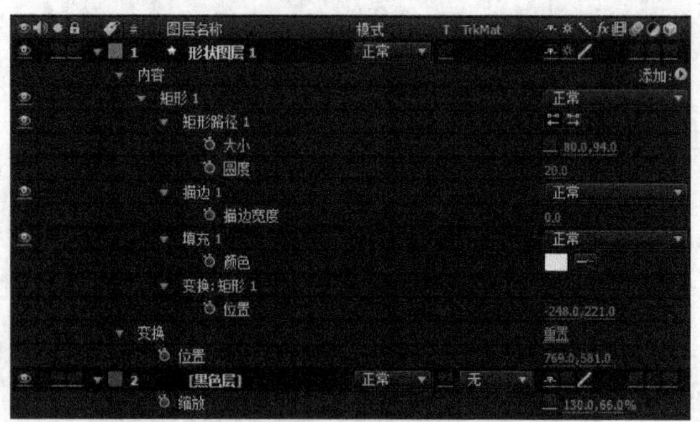

图 4-12　参数设置

步骤四：在时间线面板中展开“形状图层 1”，选择“矩形 1”同时配合按 Alt 键拖动图形，复制出七个大小一样的图形，并调节图形的位置到矩形下边缘，效果如图 4-13 所示。

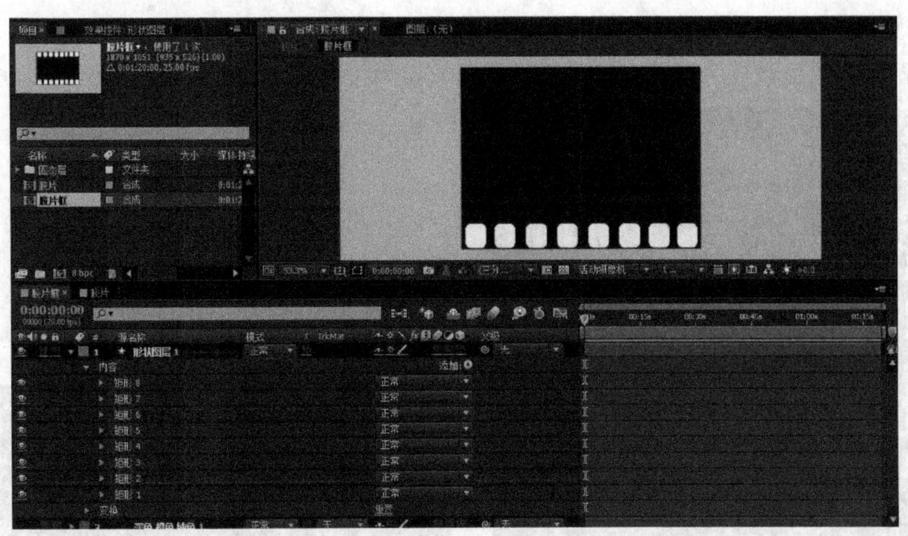

图 4-13　效果一

步骤五：选择“形状图层 1”，按快捷键 Ctrl＋D，复制“形状图层 1”，并调节图形位置到矩形的上方。效果如图 4-14 所示。

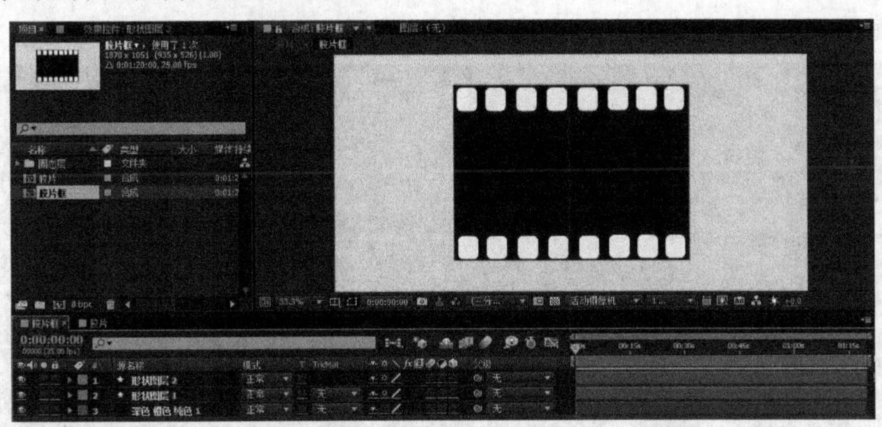

图 4-14　效果二

问题

图 4-14 所示的胶片形状是否已经做完？它与你所见过的胶片有什么区别？

2. 制作胶片孔

步骤一：按快捷键 Ctrl＋N，新建一个合成，参数设置如图 4-15 所示。

步骤二：按快捷键 Ctrl＋Y 新建一个纯色层，并命名为“黑色”，大小为“1870 像素×1051 像素”，颜色设置为黑色，按 S 键设置缩放值为（130，66）。参数设置如图 4-16 所示。

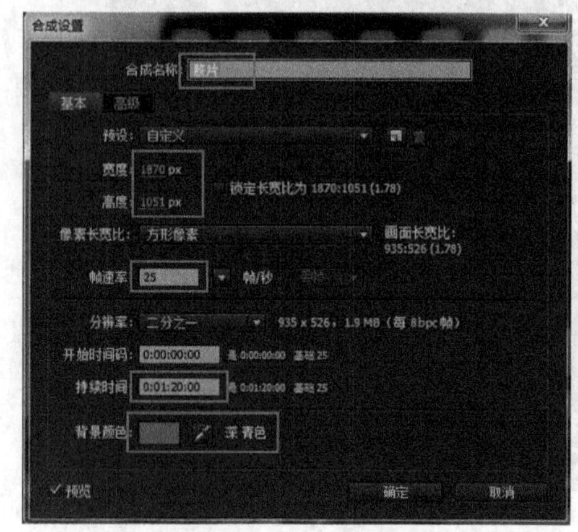

图 4-15　参数设置一

图 4-16　参数设置二

步骤三：将项目面板中的“胶片框”拖动到时间线面板中，选择黑色纯色层，执行“亮度反转遮罩‘胶片框’”命令，具体设置及效果如图 4-17 所示。

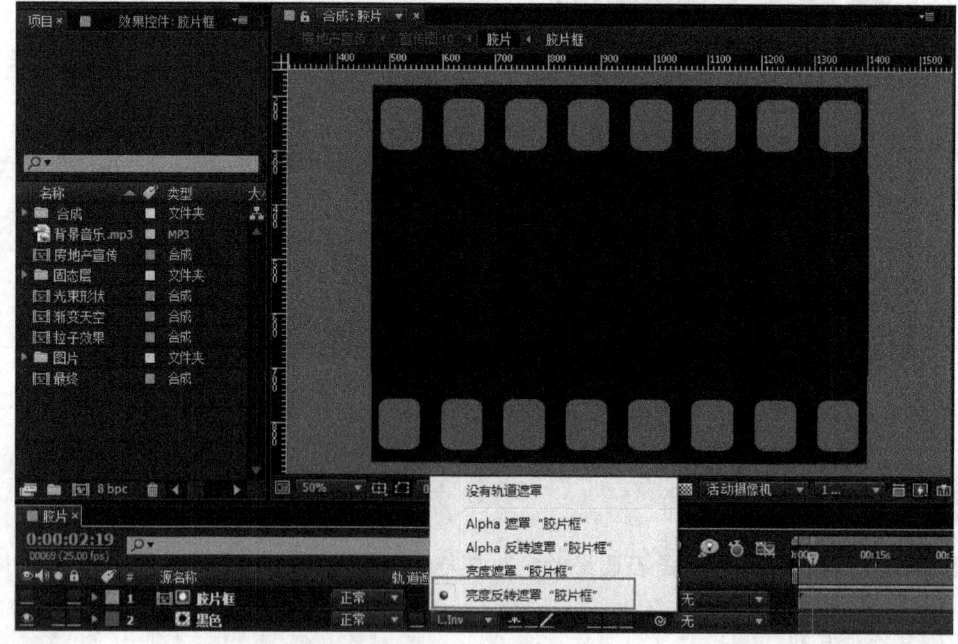

图 4-17　具体设置及效果

知识窗

轨道遮罩，其原理是让一个图层与另一个图层形成遮罩效果。当设置了轨道遮罩后，系统将自动隐藏轨道遮罩层。其操作方法是单击要使用轨道蒙版层的层模式面板中的 TrkMak 下拉列表，如图 4-18 所示。设置了轨道遮罩后，系统将自动隐藏轨道蒙版层。

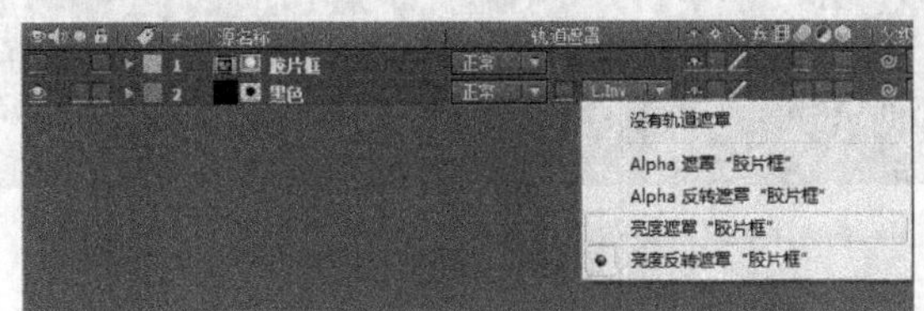

图 4-18　TrkMak 下拉列表

1）没有轨道遮罩：不创建透明度；下一个上方图层充当普通图层。

2）Alpha 遮罩 “胶片框”：Alpha 通道像素值为 100%时不透明。

3）Alpha 反转遮罩 “胶片框”：Alpha 通道像素值为 0%时不透明。

4）亮度遮罩 “胶片框”：像素的明亮度值为 100%时不透明。

5）亮度反转遮罩 “胶片框”：像素的明亮度值为 0%时不透明。

6）选择除 “没有轨道遮罩” 之外的选项，Adobe After Effects CC 将下一个上方图层转化为轨道遮罩，关闭轨道遮罩图层的视频，并在时间线面板中轨道遮罩的名称旁添加轨道遮罩图标。

4.3.3　制作宣传图

1. 将宣传图放入胶片内

步骤一：按快捷键 Ctrl＋N，新建一个合成，参数设置如图 4-19 所示。

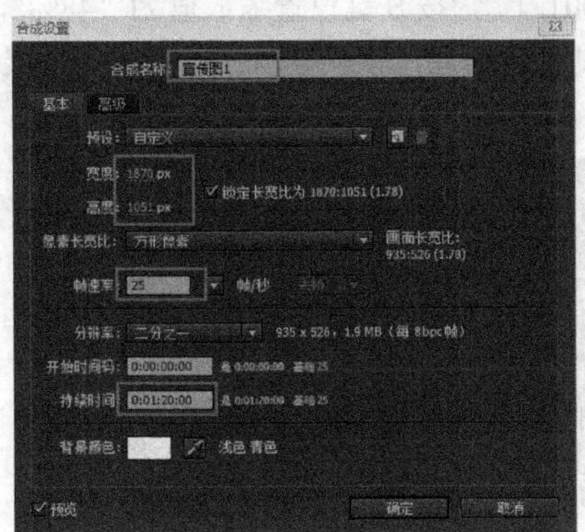

图 4-19　参数设置

步骤二：将项目面板中的“胶片”拖动到时间线面板中，按 Enter 键改名为“胶片上”，按 S 键设置缩放值为“60%”，按 P 键设置位置为（935，310）参数设置如图 4-20 所示。

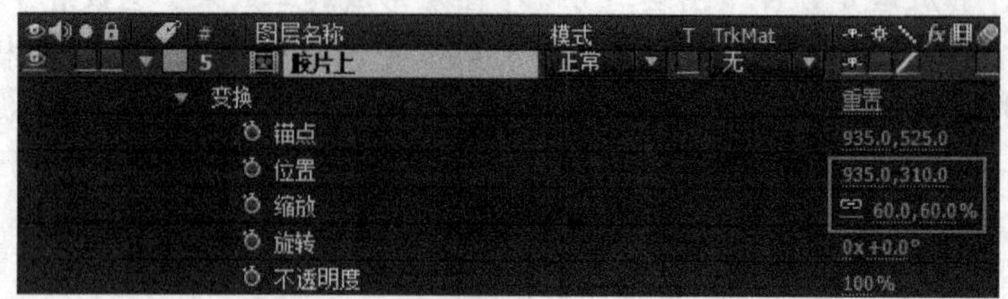

图 4-20　参数设置一

步骤三：选择“胶片下”层，按快捷键 Ctrl+D，复制一层并将复制层改名为“胶片下”，调节位置位于原胶片层的下方，设置位置参数为(935，725)，按 T 键设置不透明度为“50%”，执行“过渡/线性擦除”命令，设置过度完成值为“50%”，擦除角度为“0x+0”，羽化值为“230”。参数设置如图 4-21 所示，效果如图 4-22 所示。

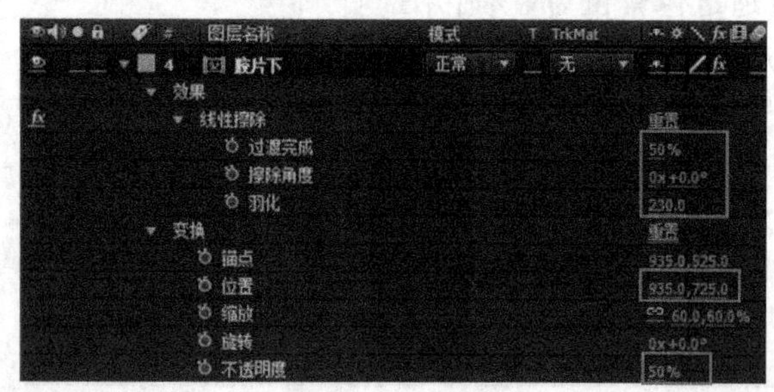

图 4-21　参数设置二

图 4-22　效果一

步骤四：导入图片素材 h001～h010；将项目面板中的“h001.jpg”拖动到时间线面板中，按 Enter 键改名为“h001 上”，按 S 键设置缩放值为“48%”，并调节位置于胶片上方，使用矩形工具在视图中绘制遮罩选区，使其显示在胶片框中。展开蒙版 1 设置蒙版羽化值为“20%”。参数设置如图 4-23 所示，效果如图 4-24 所示。

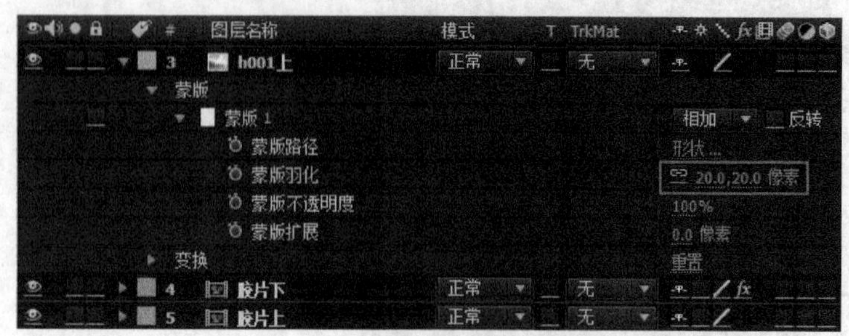

图 4-23　参数设置三

图 4-24　效果二

步骤五：选中“h001 上”，按快捷键 Ctrl+D 复制一层，并将复制层改名为“h001 下”，调节位置于胶片框下方，设置蒙版羽化值为“230%”。参数设置如图 4-25 所示，效果如图 4-26 所示。

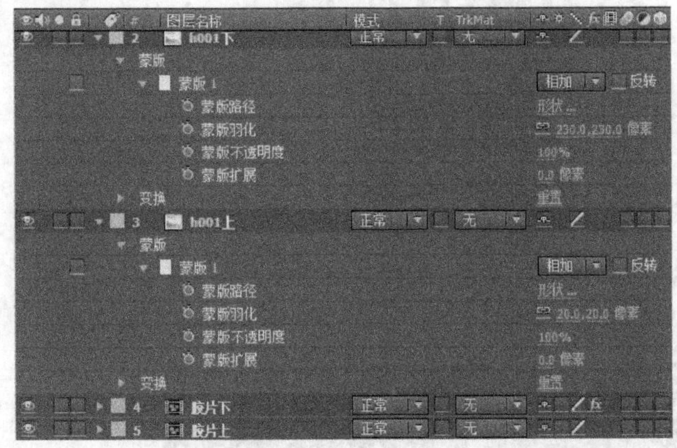

图 4-25　参数设置

图 4-26　效果

2. 制作余下的九张宣传图

步骤一：在项目面板中选中“宣传图 1”，按快捷键 Ctrl＋D 将“宣传图 1”复制九份，此时项目面板如图 4-27 所示。

步骤二：双击“宣传图 2”，将项目面板中的“h002.jpg”拖动到时间线面板中。按 Enter 键改名为“h002 上”，按快捷键 Ctrl＋D 复制一份，并将复制层改名为“h002 下”，如图 4-28 所示。

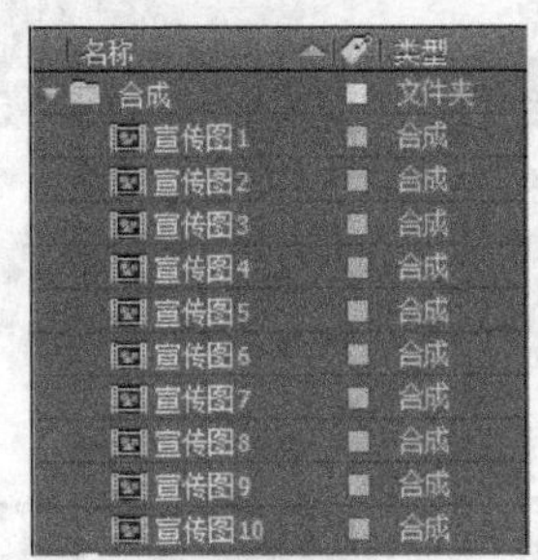

图 4-27　项目面板

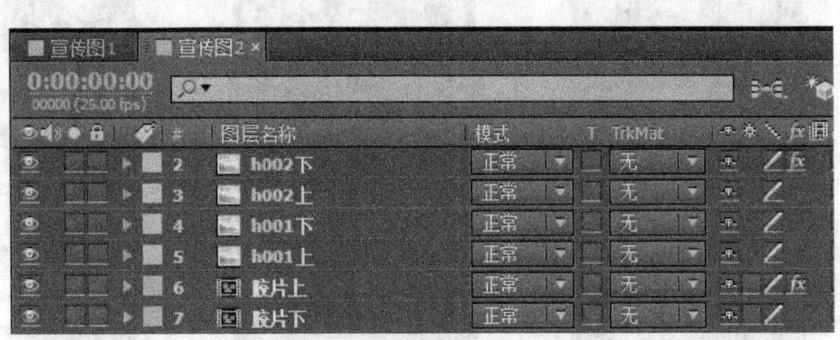

图 4-28　具体操作步骤

步骤三：复制参数。展开“h001 上”属性，选中“蒙版和变换”属性，按快捷键 Ctrl＋C 复制，然后选中“h002 上”，按快捷键 Ctrl＋V 粘贴。这样实现两个图层参数之间的复制；按同样的方法将“h001 下”的“蒙版和变换”参数复制到“h002 下”。

步骤四：删除图层。选中“h001 上”、“h001 下”，按 Delete 键进行删除，这样就实现了图片的替换，如图 4-29 所示。

图 4-29　删除图层

步骤五：仿照“步骤二”和“步骤三”的操作更改宣传图 3～宣传图 10 胶片内的图片，效果如图 4-30 所示。

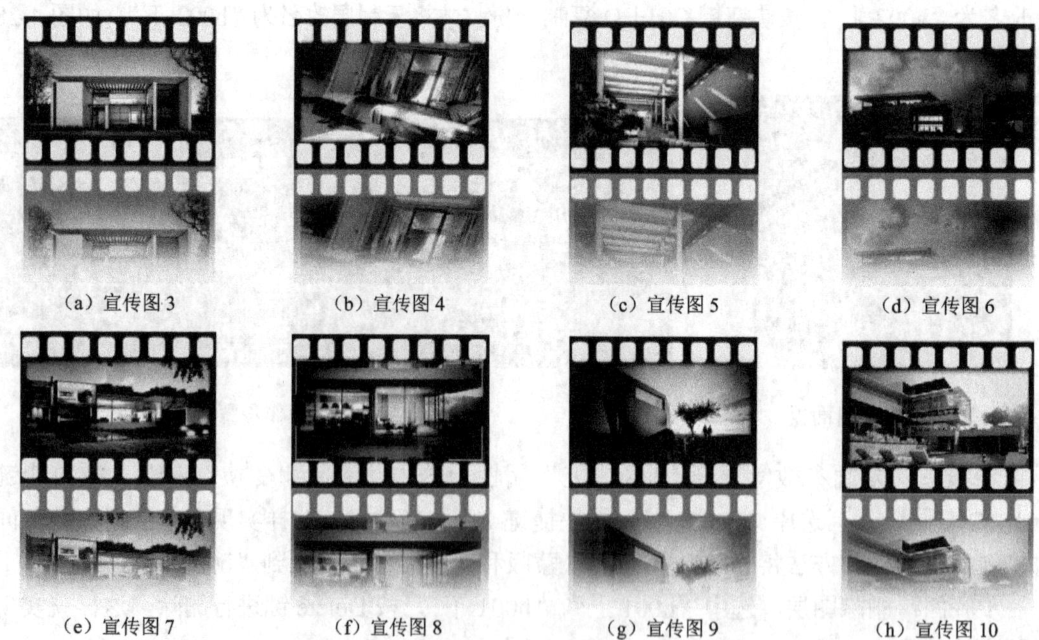

（a）宣传图 3　（b）宣传图 4　（c）宣传图 5　（d）宣传图 6

（e）宣传图 7　（f）宣传图 8　（g）宣传图 9　（h）宣传图 10

图 4-30　宣传图效果

步骤六：按快捷键 Ctrl＋S 保存，以“宣传图.aep”为文件名保存盘，再按快捷键 Ctrl＋M 导出“任务 4.3 宣传图.avi”。

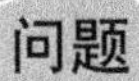
问题

用什么方法能制作宣传图的倒影？

【任务测试】

将本任务中胶片边框的孔变成圆形，再与本任务实例对比一下，观察哪一个效果更好。

任务 4.4　美化宣传图——模拟仿真的应用

【工作任务】

将制作的胶片图形应用到图片素材中，并制作胶片的投影和图片素材的粒子效果，使得整个宣传图在视觉上更有冲击力。

【任务目标】

掌握 Adobe After Effects CC 中合成文件的建立，固态层、形状图层的建立与编辑，学会关键帧动画的制作方法，CC Particle World、线性擦除等滤镜的操作方法。

4.4.1　分析制作目标

打开“配套电子资源包/项目 4/任务 4.4/宣传图与背景粒子.avi”欣赏样片，该片的两幅截图分别如图 4-31 和彩图 11 所示。

图 4-31　宣传图

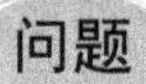
问题

白色粒子效果在本片中有什么作用？

4.4.2 制作宣传图上的粒子效果

知识窗

CC Particle World 粒子系统

CC Particle World 是 CC 插件里最好的一款粒子插件，可以用来制作烟、火、闪光等特效。该粒子系统功能强大，主要包括发射系统、粒子系统、物理系统等；但是它要比 Particle 简略得多，参数也简单很多，效果产生比较快，而且比起 Particlar 也比较简单一些，而且很常用。

步骤一：在项目面板中双击“宣传图 1”，在时间线面板中按快捷键 Ctrl＋Y，新建一个纯色层，设置大小为“1870 像素×1051 像素”，颜色为红色，按快捷键“Alt＋[”，设置该纯色层的入点位置在 2s 处，执行“模拟\CC Particle World”命令。参数设置如图 4-32 所示，效果如图 4-33 所示。

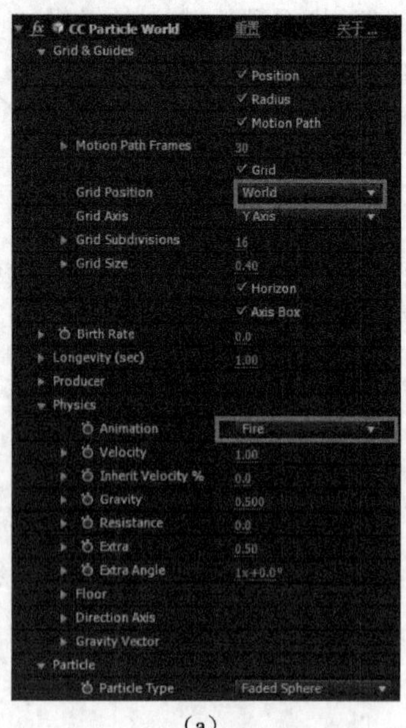

(a)

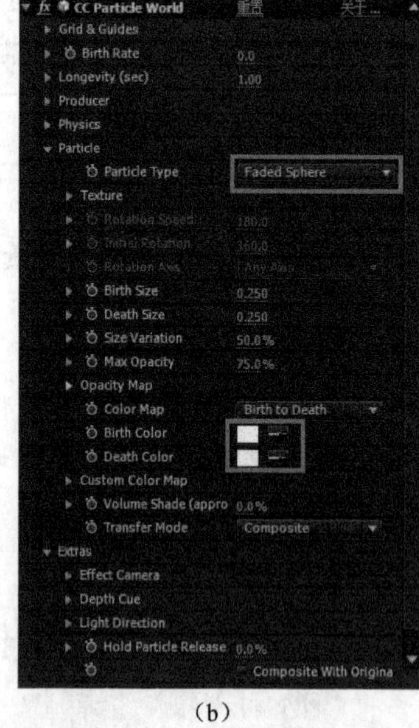

(b)

图 4-32 参数设置

图 4-33 效果

步骤二：将时间定位到 2s 处，展开特效 CC Particle World，单击 Birth Rate、Position X 前的码表图标，设置参数值为（20，−0.1），定位时间在 0:00:02:20 处设置 Birth Rate、Position X 参数值为（0，0.15），时间 2s 处的参数和效果如图 4-34 所示。

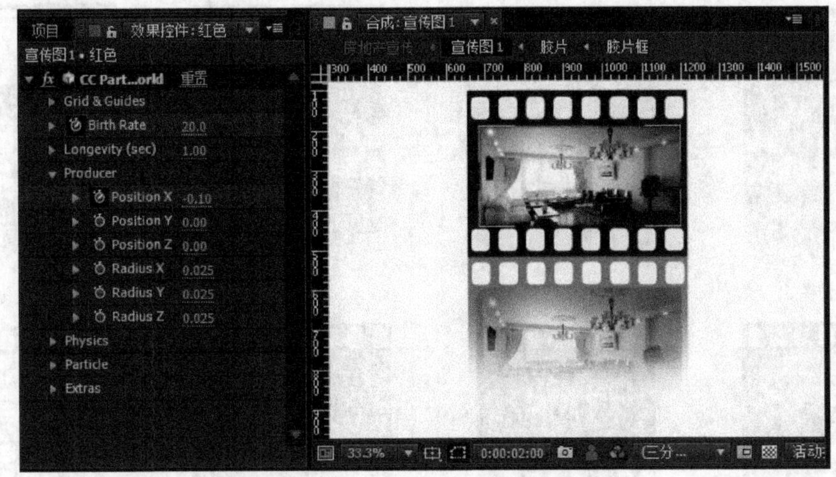

图 4-34　时间 2s 处的参数和效果

步骤三：选择“宣传图 1”中的“红色”层，按快捷键 Ctrl+C 进行复制操作；在项目面板中双击“宣传图 2”，按快捷键 Ctrl+V，将“红色”层时间定位到“00:07:00”，按快捷键“Alt+[”设置入点在 00:07:00 位置，选择“红色”层，按 U 键，选中“Birth Rate”、“Position X”，属性移动关键帧到入点位置，效果如图 4-35 所示。

图 4-35　效果

步骤四：仿照“步骤三”的操作更改宣传图 3～宣传图 10（图 4-36）中红色层的入点位置和关键帧位置，其中“红色”层的入点时间分别在 12s、16s、21s、26s、31s、36s、41s、45s 位置。

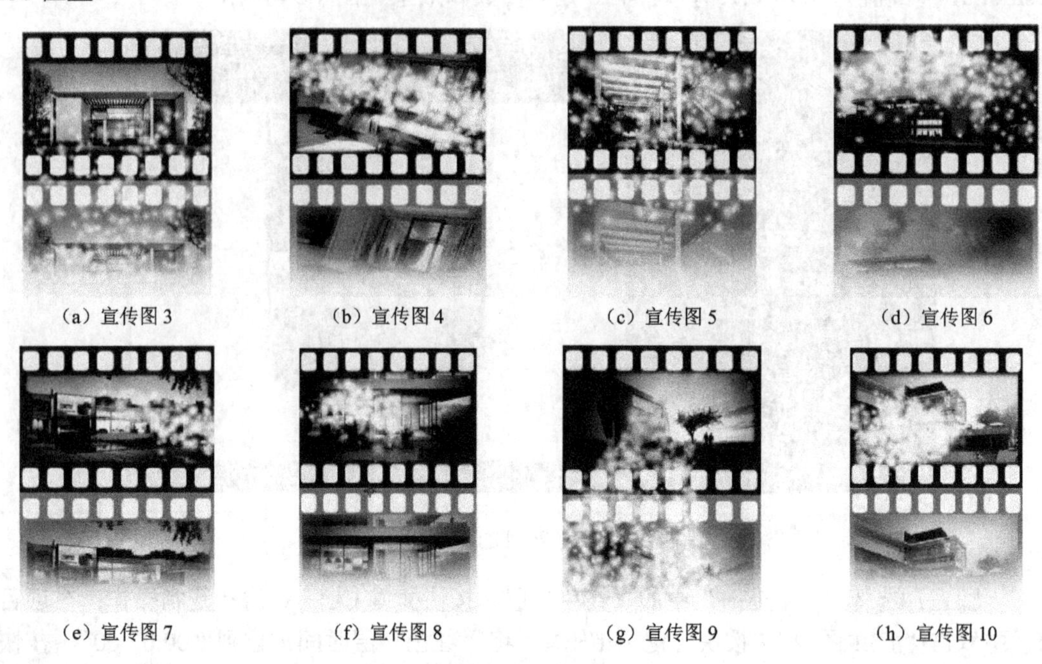

（a）宣传图 3　（b）宣传图 4　（c）宣传图 5　（d）宣传图 6

（e）宣传图 7　（f）宣传图 8　（g）宣传图 9　（h）宣传图 10

图 4-36　效果

做一做

根据本任务的粒子制作方法，再在图片上制作一种其他粒子效果。

4.4.3　制作背景图上的粒子效果

步骤一：按快捷键 Ctrl＋N，设置合成名称为“粒子效果”，参数设置如图 4-37 所示。

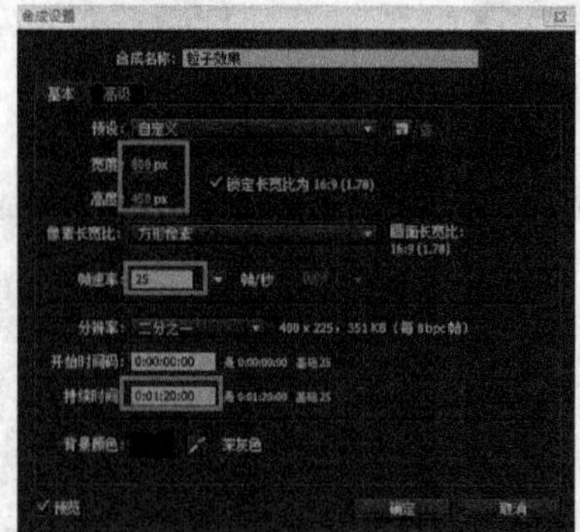

图 4-37　参数设置

步骤二：按快捷键 Ctrl＋Y，新建一个纯色层，设置大小为“800 像素×450 像素”，颜色为红色，添加“模拟\CC Particle World”效果。参数设置如图 4-38 所示。

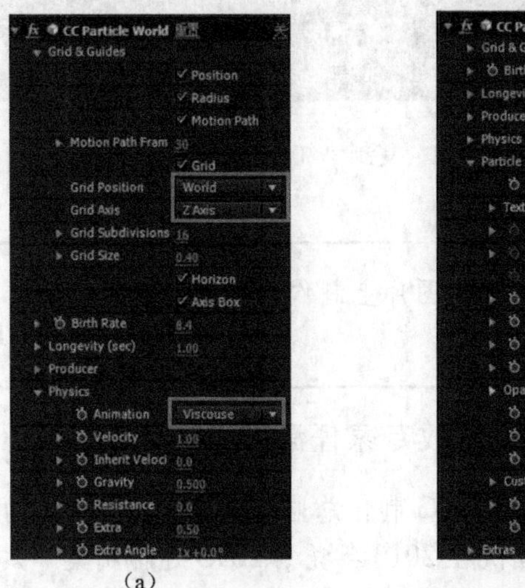

（a）　（b）

图 4-38　参数设置

步骤三：将时间指示器移动到 5s 处，单击“Birth Rate”、“Position X”前的码表图标并设置参数值为（10，0）；将时间指示器移动到 6s 处，设置参数值为（0，0）。参数设置如图 4-39，效果如彩图 12 所示。

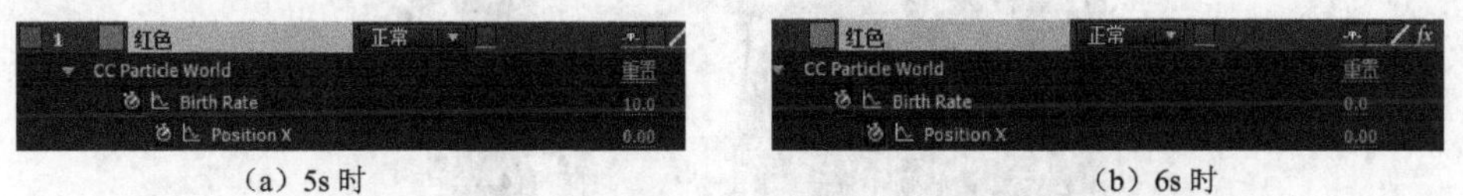

（a）5s 时　（b）6s 时

图 4-39　参数设置

步骤四：在菜单栏中添加“风格化\发光”效果，参数设置如图 4-40 所示。

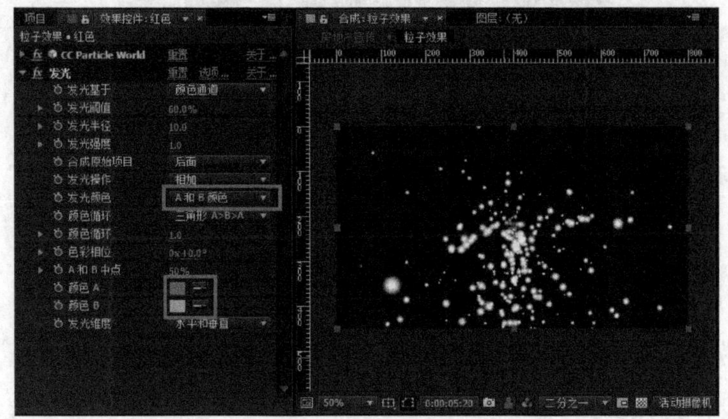

图 4-40　参数设置

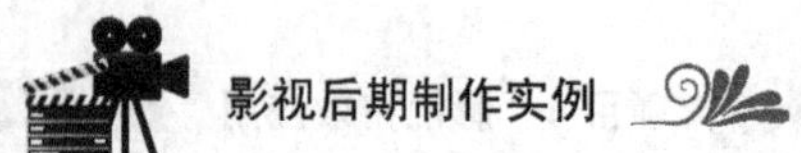

步骤五：在时间线面板中选择“红色”层，按快捷键 Ctrl+D 复制一层，如图 4-41 所示。

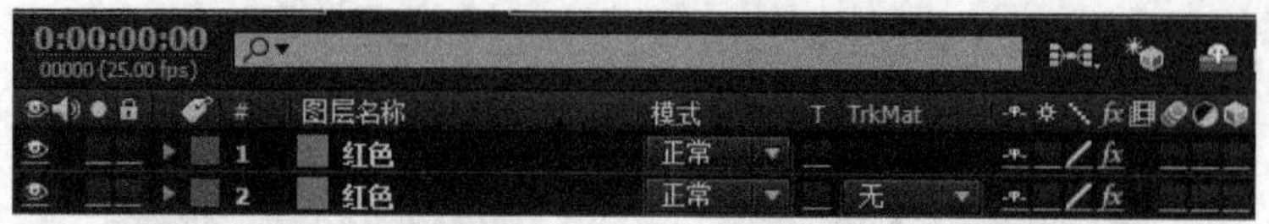

图 4-41　复制“红色”层

【任务测试】

根据本任务的粒子制作方法，再在图片上制作一种其他粒子效果。

【知识链接】

特效专家任激波

任激波（图 4-42），Base FX 公司 CG 制作总监，先后担任多部国内和国际特效影片制作的特效总监职务，并带领特效团队在 2010 年凭借 HBO 迷你剧集《太平洋战争》的特效制作，获得了由美国电影科学与艺术学院颁发的，隶属第 62 届黄金时段艾美奖最佳视觉特效奖。在《王的盛宴》中，他的团队完成了海、云等元素的特效制作。在担任特效总监期间，他先后带领团队完成了《灰色花园》、《拳皇》、《五路追杀令》、《美国派》、《秋喜》、《全城热恋》、《太平洋战争》等多部影视的特效制作。

图 4-42　任激波

任务 4.5　合成宣传片
——三维图层及摄像机的应用

【工作任务】

利用摄像机的动画来制作三维图层动画，利用“合成嵌套”来完成图像的合成技术，最终合成一部完整的宣传片。

【任务目标】

1．掌握摄像机动画制作。

2．掌握文字动画制作。

3．利用“合成嵌套”技术来合成影片。

4.5.1　分析制作目标

打开“配套电子资源包/项目 4/任务 4.5/样片.avi”文件，欣赏样片截图（图 4-43），回答下列问题。

图 4-43　样片

问题

1. 本效果图是如何实现的？
2. 依你目前的技能水平，你能完成如图 4-43 所示的效果制作吗？

4.5.2 文字背景合成

步骤一：按快捷键 Ctrl+N 新建一个合成，命名为“房地产宣传”，参数设置如图 4-44 所示。

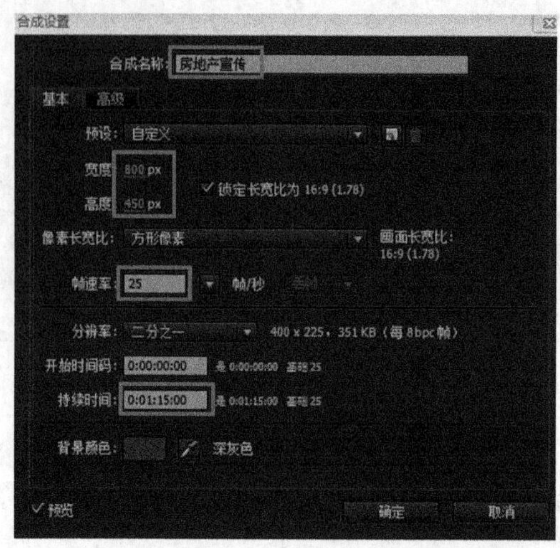

图 4-44 参数设置一

步骤二：按快捷键 Ctrl+Y 新建一个纯色层，大小为“800 像素×450 像素”，颜色为洋红，添加“杂色和颗粒/分形杂色”效果。参数设置如图 4-45 所示，效果如彩图 13 所示。

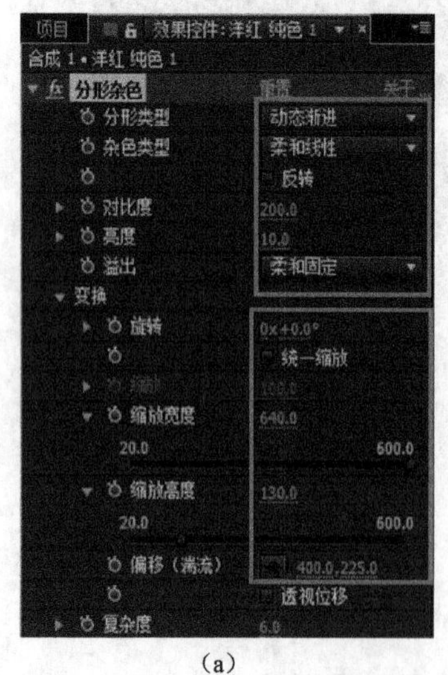

(a)

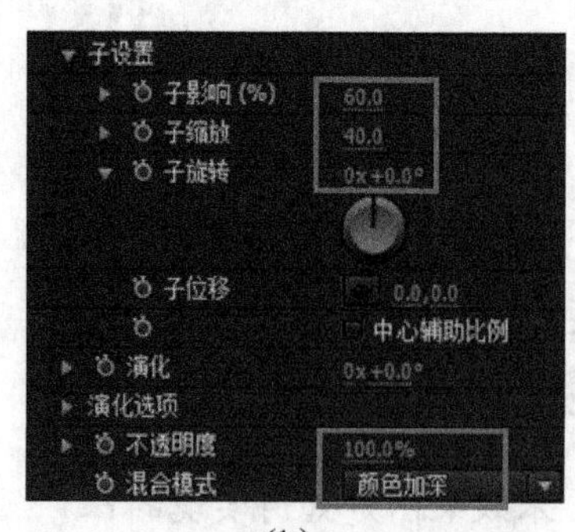

(b)

图 4-45 参数设置二

步骤三：展开分形杂色，在 0s 处单击子旋转前的码表图标，设置子旋转值为“0x+0”；1s 时设置子旋转值为“0x+60”；2s 时设置子旋转值为“0x+180”。参数设置如图 4-46 所示，0s、1s、2s 时的效果分别如彩图 14～彩图 16 所示。

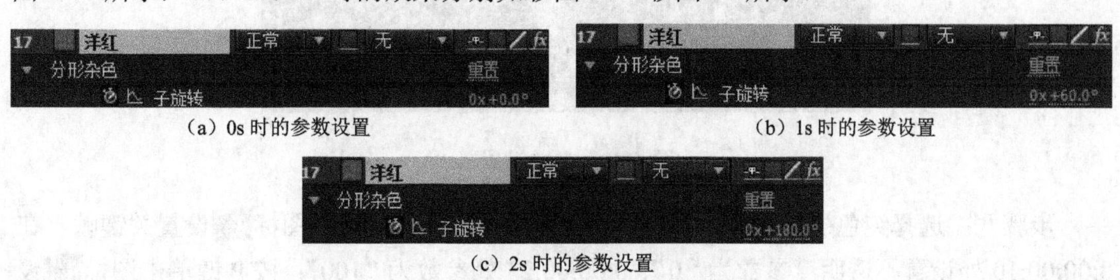

（a）0s 时的参数设置　（b）1s 时的参数设置　（c）2s 时的参数设置

图 4-46　参数设置

步骤四：展开分形杂色，在 0:00:00:00 处单击演化前的码表图标，设置演化值为“0x+0”，0:00:02:16 时设置演化值为“0x+180”；0:00:05:00 时设置演化值为“1x+0”。参数设置如图 4-47 所示，0:00:00:00、0:00:02:16、0:00:05:00 时的效果分别如彩图 17～彩图 19 所示。

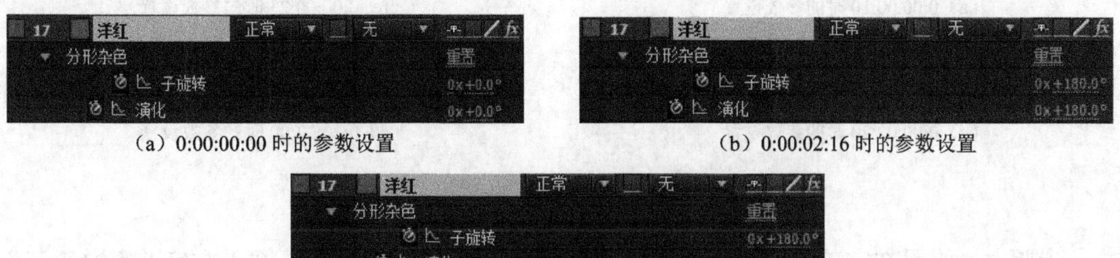

（a）0:00:00:00 时的参数设置　（b）0:00:02:16 时的参数设置　（c）0:00:05:00 时的参数设置

图 4-47　参数设置

步骤五：在时间线面板中选择“洋红”层，使用矩形工具绘制蒙版，如彩图 20 所示。

步骤六：在项目面板中选择“渐变天空”、“粒子效果”合成，将其拖动到时间线面板中。并按快捷键“Alt+[”设置“粒子效果”的入点在 0:00:02:22 处。参数设置如图 4-48 所示，效果如彩图 21 所示。

图 4-48　参数设置一

步骤七：按快捷键 Ctrl+Y 新建一个纯色层，命名为“太阳”，大小为“800 像素×450 像素”，颜色为黄色；使用椭圆工具绘制蒙版，并设置蒙版羽化值为“50”、蒙版扩展为“10

像素”。参数设置如图 4-49 所示，效果如彩图 22 所示。

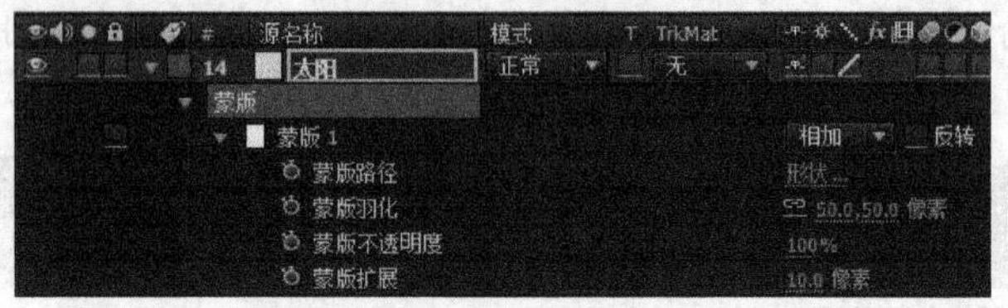

图 4-49　参数设置二

步骤八：选择纯色层“太阳”并按 T 键单击透明度前的码表图标设置关键帧，在 0:00:00:10 处设置不透明度参数为“0”、0:00:00:23 处参数为“100”；按 P 键单击图标设置位置关键帧，在 0:00:00:20 帧处设置参数为（400，225），0:00:02:00 帧处设置参数为（400，142）。参数设置如图 4-50 所示，0:00:00:10、0:00:00:23、0:0:00:20、0:00:02:00 时的效果分别如彩图 23～彩图 26 所示。

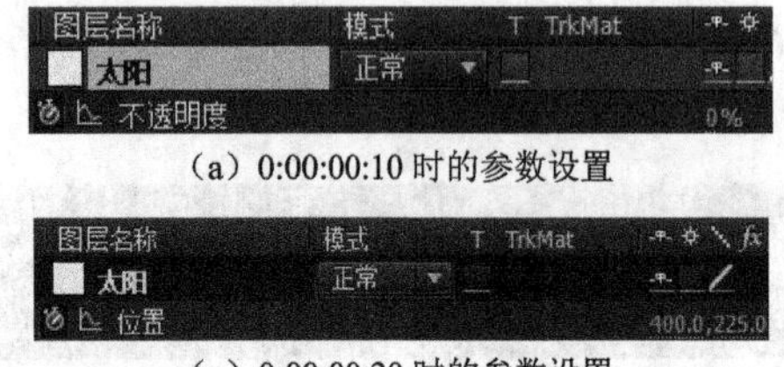

（a）0:00:00:10 时的参数设置

（b）0:00:00:23 时的参数设置

（c）0:00:00:20 时的参数设置

（d）0:00:02:00 时的参数设置

图 4-50　参数设置三

步骤九：使用文字工具设置文字大小为“106”、字体为“楷体”，键入文字“雍悦豪苑”，添加“梯度渐变”设置起始颜色为（144，88，55）、结束颜色为（245，81，0），渐变形状为“径向渐变”。“梯度渐变”设置如彩图 27 所示。

步骤十：选择文字层，单击三维按钮，使用向后平移工具将文字的轴移动到中心，展开“变换”属性，单击“位置”、“缩放”、“*Y* 轴旋转”前的码表图标，设置关键帧分别在 0:00:01:23、0:00:03:23、0:00:04:08、0:00:05:11 时的参数值如表 4-1 所示，效果如彩图 28 所示。

表 4-1　相应时间的参数设置

时间 / 项目	0:00:01:23	0:00:03:23	0:00:04:08	0:00:05:11
位置	412，260，0	412，260，0	412，260，0	350，200，5400
缩放	0，0，100	75，75，100	75，75，100	55，55，75
Y 轴旋转	$0x+0$	$1x+0$	$1x+0$	$1x+0$

知识窗

三维空间是在二维空间的基础上加入深度的概念而形成的。现实中的所有物体都处于一个三维空间中。三维空间中的对象会与其所处的空间相互发生影响，即常说的近大远小、近实远虚的感觉。Adobe After Effects CC 是一个特效合成软件，具有三维空间的合成功能，但不具有三维建模能力。

在 Adobe After Effects CC 中进行三维合成时，需要将对象层的 3D 属性按钮打开，让层处于三维空间中。系统在 *X*、*Y* 轴坐标的基础上引入了深度概念 *Z* 轴，为清楚地标示坐标轴 *X*、*Y*、*Z*，在 Adobe After Effects CC 中分别用 R（红）、G（绿）、B（蓝）表示。

4.5.3 宣传图进入效果

步骤一：将项目面板中的“宣传图 1”拖动到时间线面板中，并单击三维按钮，选择“宣传图 1”，按 S 键设置缩放值为（40%、40%、40%），按快捷键“Alt+[”设置入点在 0:00:06:00 位置，添加“模糊和锐化/快速模糊”效果，单击模糊度前的码表图标，设置模糊度在 0:00:06:00 时的值为“50”、0:00:08:00 时的值为 0；展开“变换”属性，单击“位置”、“缩放”、“*Y* 轴旋转”前的码表图标，设置关键帧分别在 0:00:06:00、0:00:07:00、0:00:08:00、0:00:09:00、0:00:10:00、0:00:11:00 时的参数值，如表 4-2 所示，效果如图 4-51 所示。

表 4-2 相应时间的参数值设置

项目＼时间	0:00:06:00	0:00:07:00	0:00:08:00	0:00:09:00	0:00:10:00	0:00:11:00
模糊度	50		0			
位置	1417，267，0	515，290，0	412，400，0	412，400，0	567，260，300	567，260，5200
缩放	40%,40%,40%	50%，50%，50%	78%，78%，78%	78%，78%，78%	40%，40%，40%	40%，40%，40%
Y 轴旋转	0x+73	0x+73	0x+0	0x+0	0x+73	0x+0

(a)

(b)

(c)

图 4-51 效果一

步骤二：将项目面板中的“宣传图 2”拖动到时间线面板中，并单击三维按钮，选择“宣传图 2”，按 S 键设置缩放值为（40%、40%、40%），按快捷键“Alt+[”设置入点在 0:00:06:00 位置，添加“模糊和锐化/快速模糊”效果，单击模糊度前的码表图标，设置模糊度在 0:00:11:00 时的值为“50”、0:00:13:00 时值为“0”；展开“变换”属性，单击“位置”、“缩放”、“Y 轴旋转”前的码表图标，设置关键帧分别在 0:00:11:00、0:00:12:00、0:00:13:00、0:00:14:00、0:00:15:00、0:00:16:00 时的参数值如表 4-3 所示，效果如图 4-52 所示。

表 4-3　相应时间的参数值设置

项目＼时间	0:00:11:00	0:00:12:00	0:00:13:00	0:00:14:00	0:00:15:00	0:00:16:00
模糊度	50		0			
位置	−360，227，0	250，300，0	500，400，0	500，400，0	300，430，300	610，290，5000
缩放	40%，40%，40%	50%，50%，50%	78%，78%，78%	78%，78%，78%	78%，78%，78%	40%，40%，40%
Y 轴旋转	0x−73	0x−73	0x+0	0x+0	0x−60	1x+0

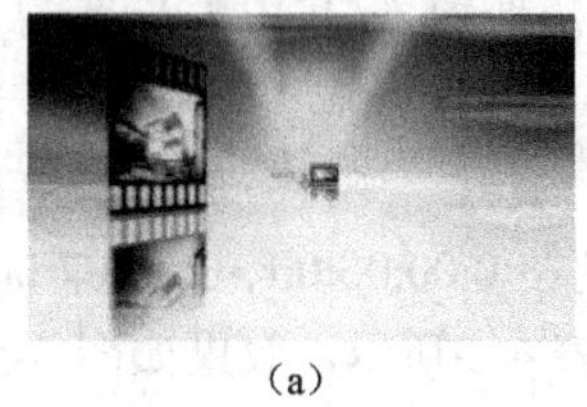
（a）

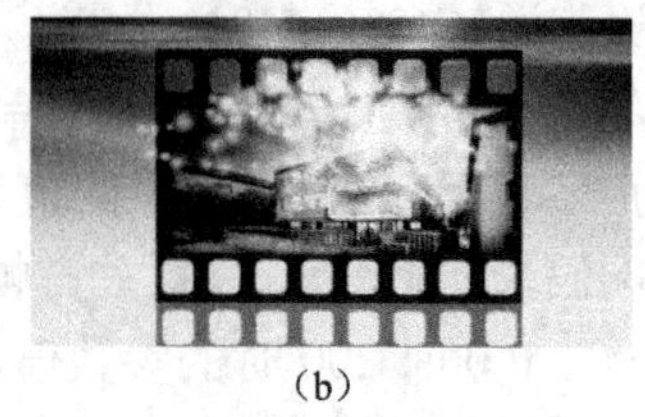
（b）

（c）

图 4-52　效果二

步骤三：将项目面板中的“宣传图 3”拖拽到时间线面板中，并单击三维按钮，选择“宣传图 3”，按 S 键设置缩放值为（40%、40%、40%），按快捷键“ALT+[”设置入点在 0:00:06:00 位置，添加“模糊和锐化/快速模糊”效果，单击模糊度前的码表图标，设置模糊度在 0:00:16:00 时的值为“50”、在 0:00:18:00 时值为“0”；展开“变换”属性，单击“位置”、“缩放”、“Y 轴旋转”前的码表图标，设置关键帧分别在 0:00:16:00、0:00:17:00、0:00:18:00、0:00:19:00、0:00:20:00、0:00:21:00 时的参数值如表 4-4 所示，效果如图 4-53 所示。

表 4-4　相应时间的参数值设置一

项目＼时间	0:00:16:00	0:00:17:00	0:00:18:00	0:00:19:00	0:00:20:00	0:00:21:00
模糊度	50		0			
位置	1490，260，0	515，290，0	392，395，0	392，395，0	567，260，300	567，260，4800
缩放	40%，40%，40%	50%，50%，50%	78%，78%，78%	78%，78%，78%	40%，40%，40%	40%，40%，40%
Y 轴旋转	0x+73	0x+73	0x+0	0x+0	0x+73	0x+0

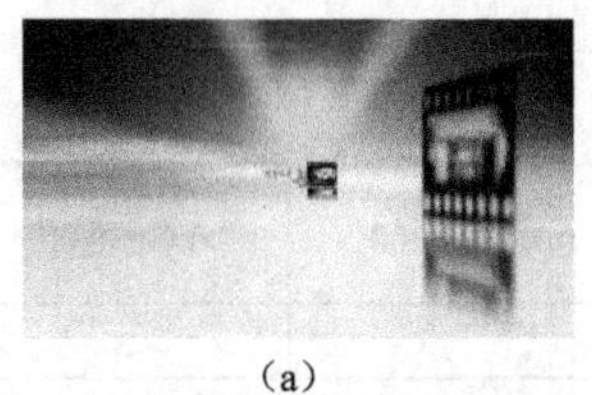
(a)

(b)

(c)

图4-53　效果一

步骤四：将项目面板中的“宣传图 4”拖拽到时间线面板中，并单击三维按钮，选择“宣传图 4”，按S键设置缩放值为（40%、40%、40%），按快捷键“ALT+[”设置入点在0:00:06:00位置，添加“模糊和锐化/快速模糊”效果，单击模糊度前的码表图标，设置模糊度在0:00:20:00时的值为“50”、在0:00:22:00时值为“0”；展开“变换”属性，单击“位置”、“缩放”、“*Y*轴旋转”前的码表图标，设置关键帧分别在0:00:20:00、0:00:21:00、0:00:22:00、0:00:23:00、0:00:24:00、0:00:25:00时的参数值如表4-5所示，效果如图4-54所示。

表4-5　相应时间的参数值设置二

时间 项目	0:00:20:00	0:00:21:00	0:00:22:00	0:00:23:00	0:00:24:00	0:00:25:00
模糊度	50		0			
位置	−360，227，0	250，300，0	350，400，0	350，400，0	200，400，300	567，260，4600
缩放	40%，40%，40%	50%，50%，50%	78%，78%，78%	78%，78%，78%	78%，78%，78%	40%，40%，40%
*Y*轴旋转	0*x*−73	0*x*−73	0*x*+0	0*x*+0	0*x*−73	0*x*+0

(a)

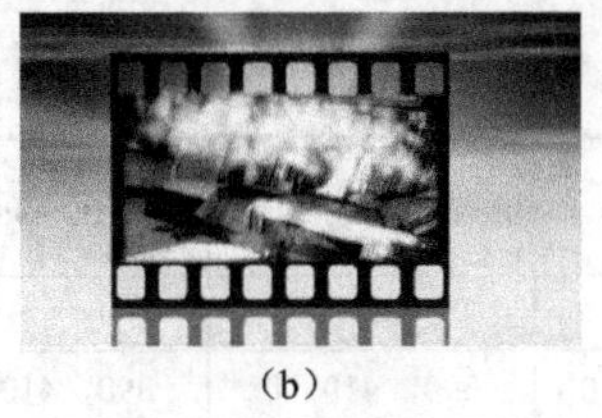
(b)

(c)

图4-54　效果二

步骤五：将项目面板中的“宣传图 5”拖拽到时间线面板中，并单击三维按钮，选择“宣传图 5”，按S键设置缩放值为（40%、40%、40%）。按快捷键“ALT+[”设置入点在0:00:06：00位置，添加“模糊和锐化/快速模糊”效果，单击模糊度前的码表图标，设置模糊度在0:00:25:00时的值为“50”、在0:00:27:00时值为“0”；展开“变换”属性，单击“位置”、“缩放”、“*Y* 轴旋转”前的码表图标，设置关键帧分别在0:00:25:00、0:00:26:00、0:00:27:00、0:00:28:00、0:00:29:00、0:00:30:00时的参数值如表4-6所示，效果如图4-55所示。

表 4-6　相应时间的参数值设置一

时间 / 项目	0:00:25:00	0:00:26:00	0:00:27:00	0:00:28:00	0:00:29:00	0:00:30:00
模糊度	50		0			
位置	1500，267，0	515，290，0	400，410，0	400，410，0	320，370，300	567，260，4400
缩放	40%，40%，40%	50%，50%，50%	78%，78%，78%	78%，78%，78%	60%，60%，60%	40%，40%，40%
Y 轴旋转	0*x*+73	0*x*+73	0*x*+0	0*x*+0	0*x*−60	0*x*+0

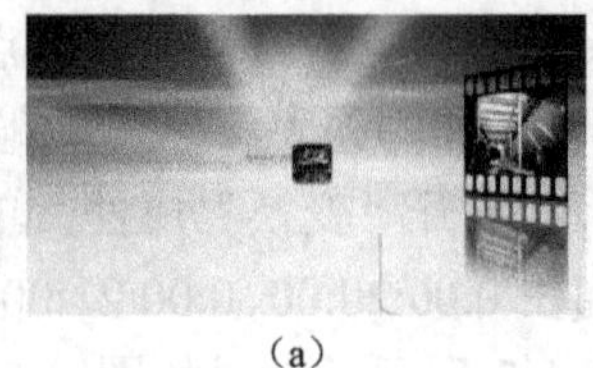
(a)

(b)

(c)

图 4-55　效果

步骤六：将项目面板中的“宣传图 6”拖拽到时间线面板中，并单击三维按钮，选择“宣传图 6”，按 S 键设置缩放值为（40%、40%、40%），按快捷键“ALT+[”设置入点在 0:00:06：00 位置，添加“模糊和锐化/快速模糊”效果，单击模糊度前的码表图标，设置模糊度在 0:00:30:00 时的值为“50”、在 0:00:32:00 时值为“0”；展开“变换”属性，单击“位置”、“缩放”、“*Y* 轴旋转”前的码表图标，设置关键帧分别在 0:00:30:00、0:00:31:00、0:00:32:00、0:00:33:00、0:00:34:00、0:00:35:00 时的参数值如表 4-7 所示，效果如图 4-56 所示。

表 4-7　相应时间的参数值设置二

时间 / 项目	0:00:30:00	0:00:31:00	0:00:32:00	0:00:33:00	0:00:34:00	0:00:35:00
模糊度	50		0			
位置	−360，227，0	250，300，0	390，410，0	390，410，0	200，450，300	567，260，4200
缩放	40%，40%，40%	50%，50%，50%	78%，78%，78%	78%，78%，78%	60%，60%，60%	40%，40%，40%
Y 轴旋转	0*x*−73	0*x*−73	0*x*+0	0*x*+0	0*x*−70	1*x*+0

(a)

(b)

(c)

图 4-56　效果一

步骤七：将项目面板中的“宣传图 7”拖拽到时间线面板中，并单击三维按钮，选择“宣传图 7”，按 S 键设置缩放值为（40%、40%、40%），按快捷键“ALT＋[”设置入点在 0:00:06:00 位置，添加“模糊和锐化/快速模糊”效果，单击模糊度前的码表图标，设置模糊度在 0:00:35:00 时的值为“50”、0:00:37:00 时的值为“0”；展开“变换”属性，单击“位置”、“缩放”、“Y 轴旋转”前的码表图标，设置关键帧分别在 0:00:35:00、0:00:36:00、0:00:37:00、0:00:38:00、0:00:39:00、0:00:40:00 时的参数值如表 4-8 所示，效果如图 4-57 所示。

表 4-8　相应时间的参数值设置

时间 项目	0:00:35:00	0:00:36:00	0:00:37:00	0:00:38:00	0:00:39:00	0:00:40:00
模糊度	50		0			
位置	1500，260，0	515，290，0	400，410，0	400，410，0	320，370，300	567，260，4000
缩放	40%, 40%, 40%	50%, 50%, 50%	78%，78%，78%	78%，78%，78%	60%，60%，60%	40%，40%，40%
Y 轴旋转	0x＋73	0x＋73	0x＋0	0x＋0	0x－60	0x＋0

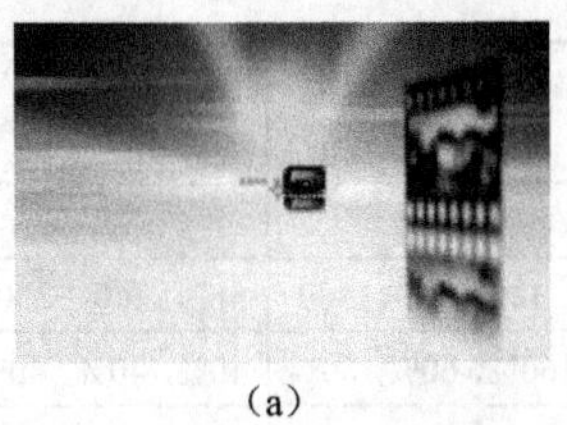
(a)

(b)

(c)

图 4-57　效果二

步骤八：将项目面板中的“宣传图 8”拖拽到时间线面板中，并单击三维按钮，选择“宣传图 8”，按 S 键设置缩放值为（40%、40%、40%），按快捷键“ALT＋[”设置入点在 0:00:06:00 位置，添加“模糊和锐化/快速模糊”效果，单击模糊度前的码表图标，设置模糊度在 0:00:40:00 时的值为“50”、在 0:00:42:00 时值为“0”；展开“变换”属性，单击“位置”、“缩放”、“Y 轴旋转”前的码表图标，设置关键帧分别在 0:00:40:00、0:00:41:00、0:00:42:00、0:00:43:00、0:00:44:00、0:00:45:00 时的参数值如表 4-9 所示，效果如图 4-58 所示。

表 4-9　相应时间的参数值设置一

时间 项目	0:00:40:00	0:00:41:00	0:00:42:00	0:00:43:00	0:00:44:00	0:00:45:00
模糊度	50		0			
位置	－369，227，0	250，300，0	390，410，0	390，410，0	350，420，300	567，260，3800
缩放	40%, 40%, 40%	50%, 50%, 50%	78%，78%，78%	78%，78%，78%	78%，78%，78%	40%，40%，40%
Y 轴旋转	0x－73	0x－73	0x＋0	0x＋0	0x－70	1x＋0

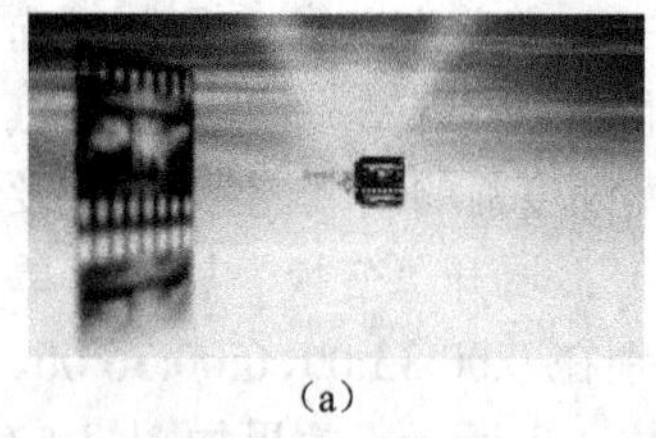
(a)

(b)

(c)

图 4-58　效果一

步骤九：将项目面板中的“宣传图 9”拖拽到时间线面板中，并单击三维按钮，选择“宣传图 9”，按 S 键设置缩放值为（40%、40%、40%），按快捷键“ALT+[”设置入点在 0:00:06:00 位置，添加“模糊和锐化/快速模糊”效果，单击模糊度前的码表图标，设置模糊度在 0:00:45:00 时的值为“50”、在 0:00:47:00 时值为“0”；展开“变换”属性单击“位置”、“缩放”、“Y 轴旋转”前的码表图标，设置关键帧分别在 0:00:45:00、0:00:46:00、47:00、0:00:48:00、0:00:49:00、0:00:50:00 时的参数值如表 4-10 所示，效果如图 4-59 所示。

表 4-10　相应时间的参数值设置二

时间 项目	0:00:45:00	0:00:46:00	0:00:47:00	0:00:48:00	0:00:49:00	0:00:50:00
模糊度	50		0			
位置	1500，300，0	515，290，0	390，395，0	390，395，0	320，370，300	567，260，3600
缩放	40%，40%，40%	50%，50%，50%	78%，78%，78%	78%，78%，78%	60%，60%，60%	40%，40%，40%
Y 轴旋转	0x+73	0x+73	0x+0	0x+0	0x−60	0x+0

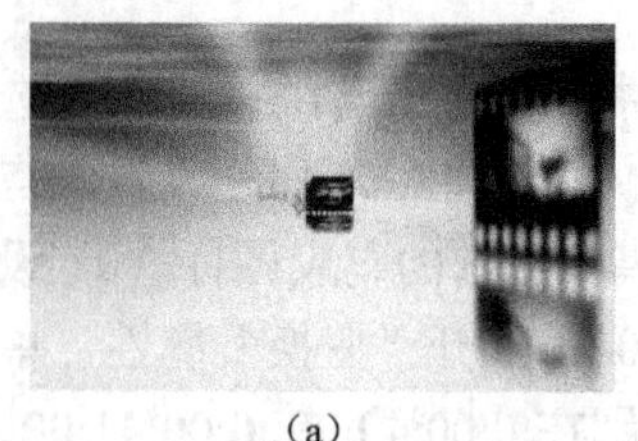
(a)

(b)

(c)

图 4-59　效果二

步骤十：将项目面板中的“宣传图 10”拖拽到时间线面板中，并单击三维按钮，选择“宣传图 10”，按 S 键设置缩放值为（40%、40%、40%），按快捷键“ALT+[”设置入点在 0:00:06:00 位置，添加“模糊和锐化/快速模糊”效果，单击模糊度前的码表图标，设置模糊度在 0:00:50:00 时的值为“50”、在 0:00:52:00 时值为“0”；展开“变换”属性，单击“位置”、“缩放”、“Y 轴旋转”前的码表图标，设置关键帧分别在 0:00:50:00、0:00:51:00、0:00:52:00、0:00:53:00、0:00:54:00、0:00:55:00 时的参数值如表 4-11 所示，效果如图 4-60 所示。

表4-11 相应时间的参数值设置

项目＼时间	0:00:50:00	0:00:51:00	0:00:52:00	0:00:53:00	0:00:54:00	0:00:55:00
模糊度	50		0			
位置	−369，227，0	250，300，0	390，395，0	390，410，0	350，420，300	567，260，3400
缩放	40%，40%，40%	50%，50%，50%	78%，78%，78%	78%，78%，78%	78%，78%，78%	40%，40%，40%
*Y*轴旋转	0*x*−73	0*x*−73	0*x*+0	0*x*+0	0*x*−70	1*x*+0

(a)

(b)

(c)

图4-60 效果

4.5.4 摄像机动画

知识窗

相机图层参数

1. Adobe After Effects CC 摄像机

在合成图像中建立摄像机，可以对三维场景进行观察，就像架设了一台真实拍摄的摄像机。

Adobe After Effects CC 提供了9种常用的摄像机镜头，其中15mm广角镜头具有极大的视野范围，它类似于鹰眼观察世界，但会产生较大的透视变形。默认的35mm标准镜头类似于人眼视角。200mm鱼眼镜头就像鱼眼观察世界，视野范围极小。

Focal Length 用于设置摄像机的焦点长度，该数值越小视野范围越大。

2. 摄像机设置

类型：单节点摄像机和双节点摄像机。单节点摄像机围绕自身定向，而双节点摄像机具有目标点并围绕该点定向。

预设：要使用的摄像机设置的类型。根据焦距命名预设。每个预设旨在表示具有特定焦距的镜头的35mm摄像机的行为。因此，预设还设置“视角”、“缩放”、“焦点距离”、“焦距”和“光圈”值。默认预设为50mm。也可以通过为任何设置指定新值来创建自定义摄像机。

缩放：从镜头到图像平面的距离。换言之，距离为焦距的图层显示为其全大小，距离为焦距两倍的图层显示为高度和宽度的一半，依此类推。

视角：在图像中捕获场景的宽度。“焦距”、“胶片大小”和“变焦”值确定视角。较广的视角创建与广角镜头有相同的结果。

景深：对“焦点距离”、“光圈”、“F-Stop”和“模糊层次”设置应用自定义变量。使用这些变量，可以操作景深来创建更逼真的摄像机聚焦效果。景深是图像在其中聚焦的距离范围，位于距离范围之外的图像将变得模糊。

焦点距离：从摄像机到平面的完全聚焦的距离。

胶片大小：胶片的曝光区域的大小，它直接与合成大小相关。在修改胶片大小时，“变焦”值会更改，以匹配真实摄像机的透视性。

焦距：从胶片平面到摄像机镜头的距离。在 Adobe After Effects CC 中，摄像机的位置表示镜头的中心。在修改焦距时，“变焦”值会更改，以匹配真实摄像机的透视性。此外，“预设”、“视角”和“光圈”值会相应更改。

单位：表示摄像机设置值所采用的测量单位。

步骤一：在菜单栏中执行“图层/新建/摄像机”命令，添加摄像机，参数设置如图 4-61 所示。

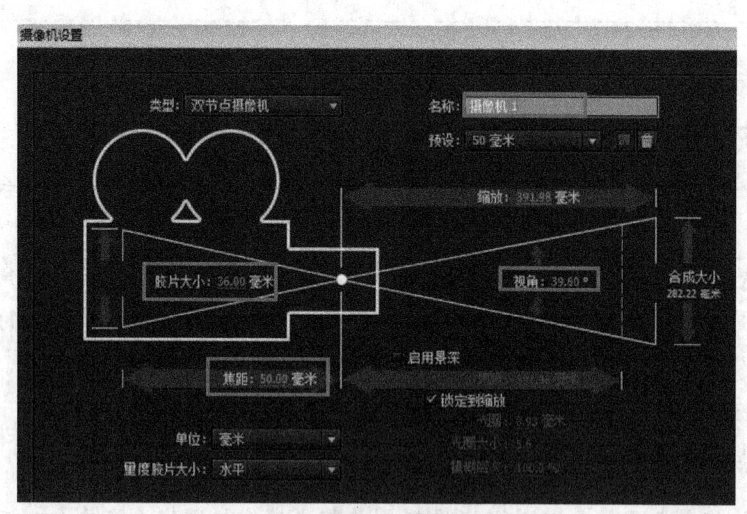

图 4-61　摄像机设置参数

步骤二：选择“摄像机”，按快捷键“ALT＋[”设置入点位置在 0:00:55:00 处，展开“变换”单击位置和目标点前的码表图标，设置关键帧分别在 0:00:55:00、0:00:58:00、0:01:01:00、0:01:04:00 时的参数值如表 4-12 所示，效果如图 4-62 所示。

表 4-12　相应时间的参数设置

项目＼时间	0:00:55:00	0:00:58:00	0:01:01:00	0:01:04:00
目标点	300，200，4500	1400，200，4500	300，200，4500	300，100，6000
位置	400，225，−660	−600，180，1650	0，200，4000	0，299，5400

（a）

（b）

（c）

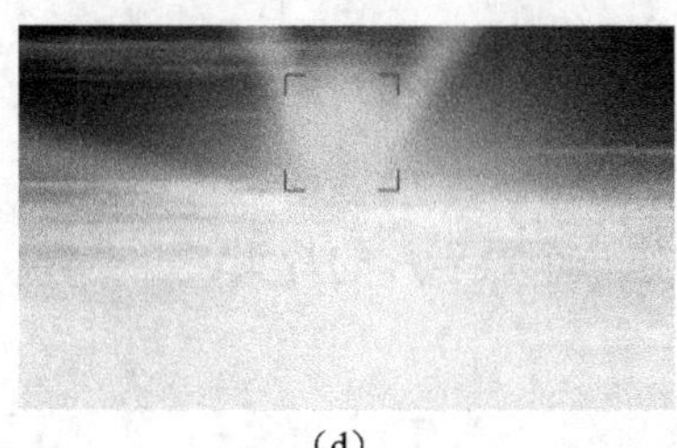

（d）

图 4-62　效果

步骤三：导入素材“背景音乐.mp3”，从项目面板中将背景音乐拖拽到时间线面板。

步骤四：按快捷键 Ctrl＋S 保存工程文件，然后按快捷键 Ctrl＋M 渲染输出。

步骤五：执行主菜单文件下的“整理工程（文件）/收集文件”命令（图 4-63）收集素材，以便在其他计算机中打开此文件。

整理工程(文件) ▸	收集文件...
监视文件夹(W)...	整合所有素材(D)
脚本 ▸	删除未用过的素材(M)
创建代理 ▸	减少项目
设置代理(Y) ▸	查找缺失的效果
解释素材(G) ▸	查找缺失的字体
替换素材(E) ▸	查找缺失的素材

图 4-63　“文件/整理工程（文件）/收集文件”命令

【任务测试】

完成本任务中的图片从右向左前方运动的动画效果。

项 目 测 试

一、理论测试

1．________，实际是一个路径或者轮廓图，用于修改层的 Alpha 通道。

2．轨道遮罩，分为________、________、________、________和________。

3．在 Adobe After Effects CC 中进行三维合成时，需要将对象层的________属性打开。

4．Adobe After Effects CC 中添加“CC Particle World”粒子效果在________主菜单下的________子菜单。

5．Adobe After Effects CC 中添加摄像机是在________主菜单下________的________子菜单。

二、技能测试

制作一个娱乐片的片头。

项目 5 音频音效处理

项目介绍

电影是视听的艺术，1927 年美国的《爵士歌王》标志着有声电影的诞生。从那时起，声音开始在影视作品中处于举足轻重的地位。在影片中加入声音，能加强影片的真实感，交代影片情节、连接画面、烘托环境气氛、渲染和刻画人物心理，特别是能让静止的画面活动起来。本项目就是利用声音艺术让“森林之城”——九寨沟“活”起来。

教学目标

1．了解风景片音频音效的设计要领和制作思路。

2．掌握添加音频音效的步骤和方法。

3．掌握音频音效的处理方法。

任务 5.1 “森林之城”——九寨沟风景欣赏片前期创意

【工作任务】

制作“森林之城”——九寨沟风景欣赏片的前期创意，了解制作风景欣赏片的制作流程。

【任务目标】

了解风景片音频的需求，掌握风景片音频的前期创意思路，学会音频编辑与处理的技巧。

5.1.1 体验音乐音效的魅力

1. 欣赏静悄悄的九寨沟

打开“配套电子资源包/项目 5/任务 5.1/九寨沟（未配音）.avi”视频文件（图 5-1），欣赏静悄悄的九寨沟。

图 5-1　九寨沟（未配音）

问题

如果你去旅游，你还希望听到什么？看到什么？

2. 欣赏充满活力的九寨沟

打开“配套电子资源包/项目 5/任务 5.1/九寨沟（已配音）.avi”视频文件（图 5-2），欣赏充满活力的九寨沟。

图 5-2 九寨沟（已配音）

问题

这两个视频有什么不同？有声音的视频与你的期望还差多远？你还希望有什么？

知识窗

影视中的音乐与音效

在日常生活中，音乐是一种能满足人们听觉欣赏需求的艺术形式。影视节目中的音乐没有普通音乐的独立性，而是具有一定的目的性。换言之，影视节目在内容，对象、形式等方面不同，决定了影视节目音乐在结构、目的、表现形式上具有其特点。此外，影视音乐具有融合性，即影视音乐必须同其他影视因素结合，这是因为音乐在表达感情的程度上往往不够准确，但在与语言、音响和画面融合后，便可以突破这种局限性。

影视音乐按照所服务影片的内容划分，可分为故事片音乐、新闻片音乐、科教片音乐、美术片音乐及广告片音乐；按照音乐的性质划分，可分为抒情音乐、描绘性音乐、说明性音乐、色彩性音乐、喜剧性音乐、幻想性音乐、气氛性音乐及效果性音乐等；按照影视节目的段落划分，可分为片头主题音乐、片尾音乐、片中插曲及情节性音乐等。

音效又称音响，是指在影视时空关系中除人声外，自然界和人造环境中出现的一切声响。在影视节目中，音效主要是用来说明环境，还原逼真感，增强影片的真实感和生活感。音效主要有自然音效（如水声、动物声音、脚步声等）、机械音效（如汽车、火车等）、社会环境音效（如人群声等）、特殊音效（如电子合成音效）等。

5.1.2 “森林之城”——九寨沟音频创意思路与步骤

1. 音频创意思路

步骤一：制作“森林之城”——九寨沟音频需求表，如表 5-1 所示。

表 5-1 九寨沟音频需求表

音频	镜头			作用
背景音乐	整部风景片，时长 4 分 10 秒 10 帧			表达对神奇的九寨沟风景的喜爱、向往之情
音效	风声	瀑布	鸟鸣	给人身临其境的感觉，增强风景片的真实感和生活感
	流水声	海鸥声	……	

步骤二：寻找背景音乐。九寨沟以原始的生态环境——清新空气和雪山、森林、湖泊组合成神妙、奇幻、幽美的自然风光，显现“自然的美，美得自然”，被誉为“童话世界”。翠海、叠瀑、彩林、雪峰、藏情、蓝冰，被誉为九寨沟“六绝”。九寨沟因独有的原始景观、丰富的动植物资源而被誉为“人间仙境”。

根据这一风景特色，选用与九寨沟风俗习惯相符的《神奇的九寨》作为背景音乐。该音乐由容中尔甲创作并演唱，经容中尔甲演绎后迅速在全国各地传唱，使《神奇的九寨》与“容中尔甲”这个名字一起成为九寨沟旅游文化的品牌形象。 该音乐巧妙地将藏民族传统音乐与现代流行音乐融为一体，在中国流行乐坛中风格独树一帜。

步骤三：寻找音效。伴随着《神奇的九寨》音乐，我们被九寨沟美丽的画面所吸引，根据画面景色，需加上表 5-2 中所示的音效，使影片更真实完美。

表 5-2 音效设置

音 效 类 别	镜头（时间段）
风声	00:01:10:24～00:01:17:20

续表

音效类别	镜头（时间段）
瀑布	00:01:18:03～00:01:27:13
鸟鸣	00:02:35:07～00:02:40:03
流水声	00:02:40:00～00:02:45:02
海鸥声	00:02:57:18～00:03:04:21

知识窗

风景片音乐音效的作用与要求

旅游风景片以优美的音乐、丰富的音效和精美的画面结合来表现祖国的大好河山、人文景观。音乐是电视艺术的一种表现手段，它可以为风景片添光增彩。风景片的音乐可以以画面表现的内容去创作，也可以利用现有的资料配乐，应选择一些与当地文化相符的音乐，这样才能贴切。旅游风景片中还应该大量应用音效，像水声、风声、鸟鸣声等，给观众以身临其境的感觉。

2. 音频制作步骤

1）收集音频素材。根据该欣赏片的音频需求，利用网络或者 Adobe Premiere Pro CC 捕捉的方式收集该片所需要的背景音乐和音效。

2）导入音频。将收集的背景音乐和音效导入 Adobe Premiere Pro CC 软件的项目面板。

3）合成音频音效。利用 Adobe Premiere Pro CC 软件的多轨道，将背景音乐和音效合成，实现同时播放的效果。

4）优化音频音效。利用 Adobe Premiere Pro CC 软件自带的音频效果滤镜和音频过渡滤镜，让声音和画面完美融合。

5）输出视频。将已经配音完成的 Adobe Premiere Pro CC 项目文件输出成一个视频。

知识窗

常见的音频格式

1）WAV 格式：WAV 格式是微软公司开发的一种声音文件格式，也称波形声音文件，是最早的数字音频格式，被 Windows 平台及其应用程序广泛支持。其缺点是对存储空间需求太大，不便于交流和传播。

2）MIDI（Musical Instrument Digital Interface，乐器数字接口）格式是数字/电子合成乐器的统一国际标准。

3）MP3 格式：MP3 能够以高音质、低采样率对数字音频文件进行压缩。换言之，音频文件能够在音质失真很小的情况下把文件压缩到更小的程度。

4）WMA（Windows Media Audio，数字音频）格式是微软公司在互联网音频、视频领域的力作。WMA 格式是以减少数据流量但保持音质的方法达到更高的压缩率，其压缩率一般可以达到 1：18。

5）RealAudio 格式是 Real Networks 公司推出的一种文件格式，其最大的特点就是可以实时传输音频信息，尤其是在网速较慢的情况下仍然可以较为流畅地传送数据。因此，RealAudio 主要适用于网络上的在线播放。

【任务测试】

再仔细观察本任务中的风景片，看一看还有没有其他动物或人物，试着上网查询音乐音效素材，准备好为下一任务使用。

任务 5.2 “森林活了”——添加音频音效

【工作任务】

根据“森林之城”——九寨沟欣赏片音频需求及前期创意思路，利用 Adobe Premiere Pro CC 软件添加背景音乐和音效，对音乐音效优化处理，使声音和画面完美融合。

【任务目标】

1．掌握声音合成的方法。

2．学会利用 Adobe Premiere Pro CC 自带音频滤镜优化音频的方法。

3．掌握 Adobe Premiere Pro CC 自带音频过渡效果调整音量和画面。

5.2.1 添加背景音乐

1. 新建项目，导入素材

步骤一：启动 Adobe Premiere Pro CC，新建一个名为“森林之城——九寨沟”的项目文件。

步骤二：导入“九寨沟（未配音）.avi”、“神奇的九寨.mp3”两个素材文件，导入“音效”文件夹。

2. 新建序列，剪辑“神奇的九寨.mp3”

步骤一：执行“文件/新建/序列”命令，选择国内电视制式通用的 DV-PAL 下的宽屏 48kHz，如图 5-3 所示。

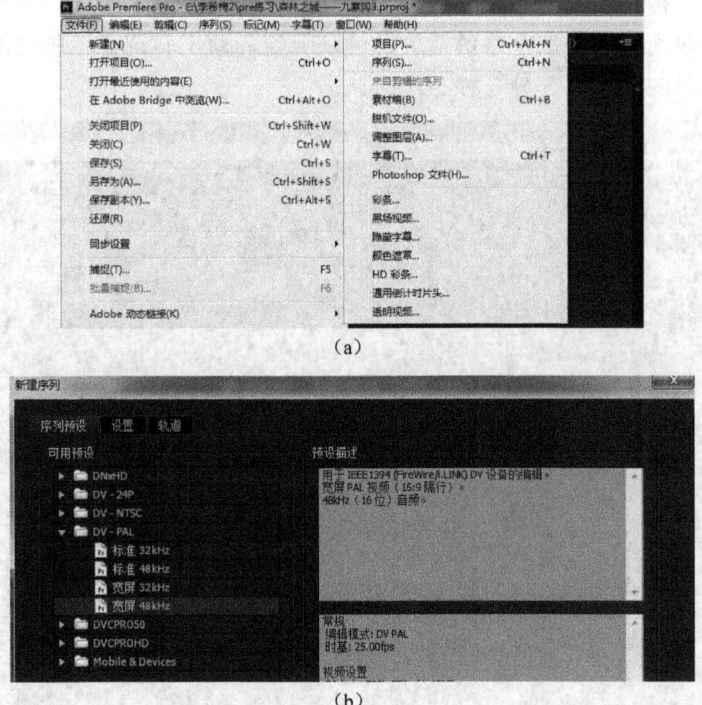

(a)

(b)

图 5-3 新建序列

步骤二：将“九寨沟（未配音）.avi”视频放置到时间线视频轨道 1，如图 5-4 所示。

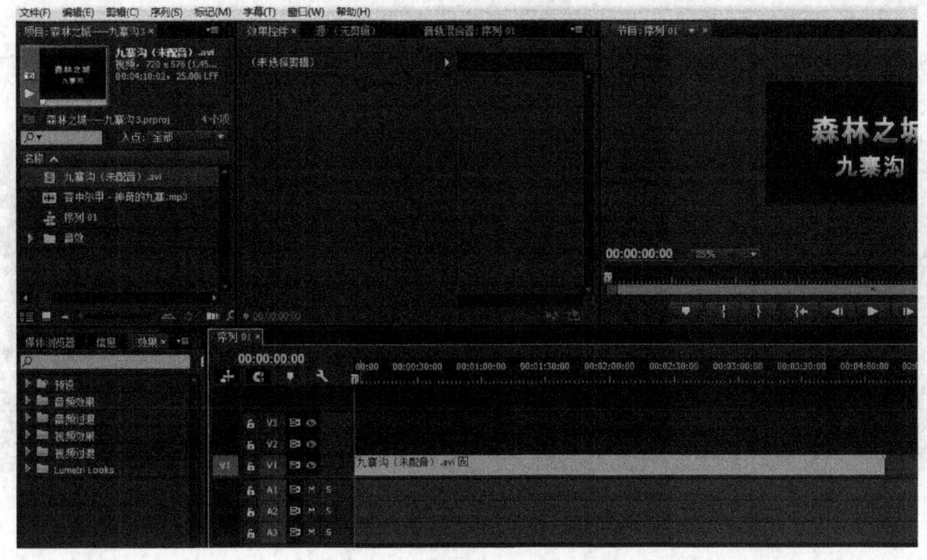

图 5-4 将视频放入视频轨道 1

步骤三：将“神奇的九寨.mp3”放置到时间线的音频轨道1中，如图5-5所示。

步骤四：在时间线面板按空格键播放，可以听到音频1轨道中“神奇的九寨.mp3”的声音。播放结束时的时间为5分7秒20帧。

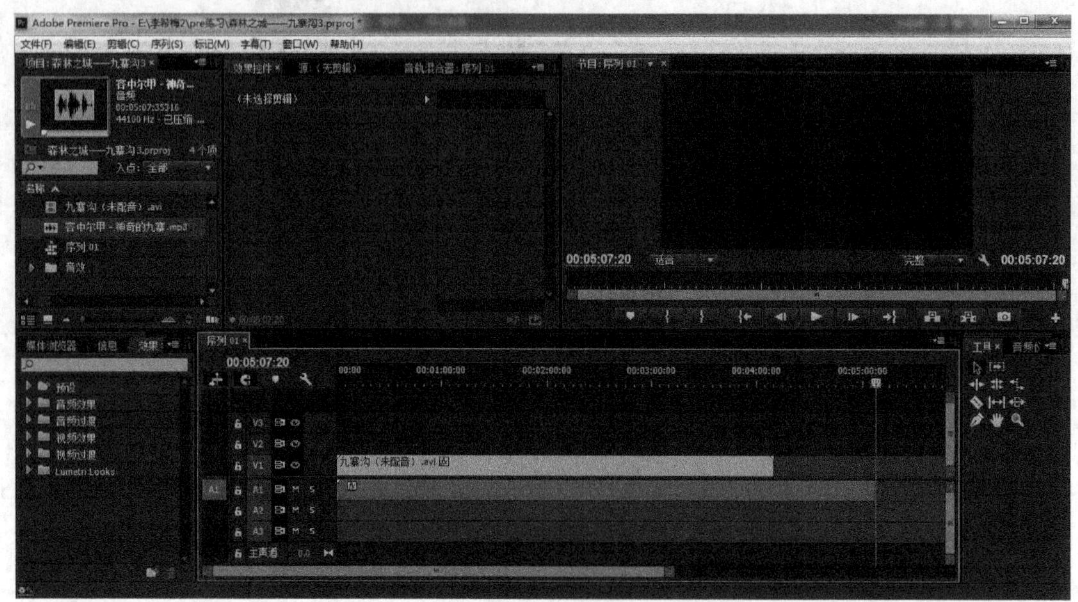

图5-5　将音频放入音频轨道1

步骤五：将时间指针移动至4秒17帧处，移动“神奇的九寨.mp3”的起始位置到4秒17帧处，从九寨沟画面出现，开始有背景音乐，如图5-6所示。

提示：可以在时间码“00:00:00:00”处输入0417，按Enter键后，时间码立即变为“00:00:04:17”，时间指针跳转到4秒17帧位置。

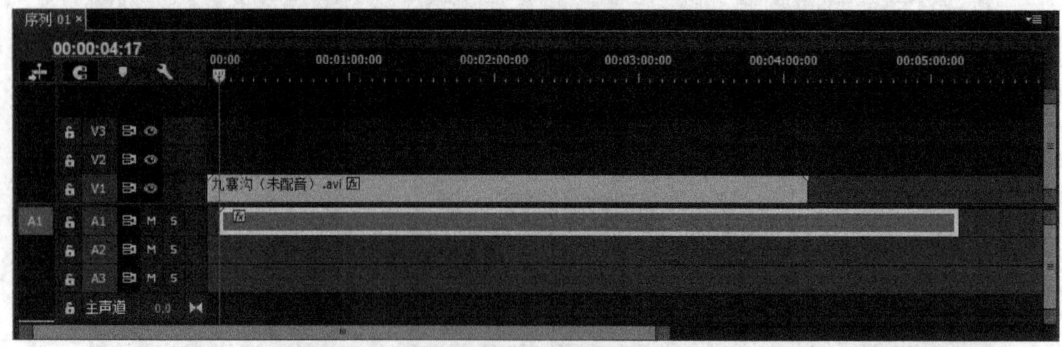

图5-6　设置音频的起始位置

步骤六：将时间指针移到“九寨沟（未配音）”视频的尾部，即4分10秒10帧处，利用剃刀工具（快捷键C键）将“神奇的九寨.mp3”剪切开。再使用选择工具（快捷键V键）

选择剪切后面的部分，按 Delete 键删除，如图 5-7 所示。

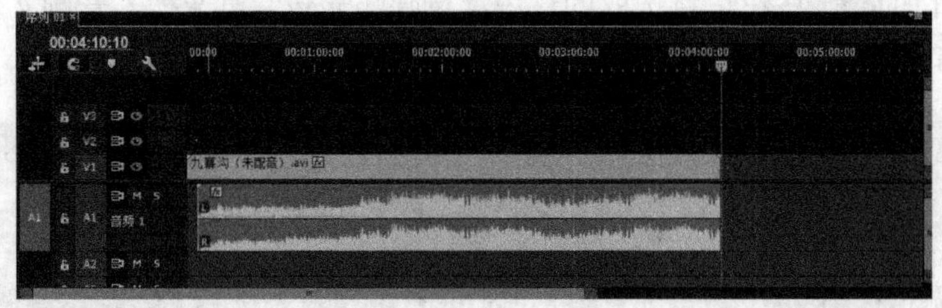

图 5-7 剪切音频文件

提示：将鼠标指针移到音频轨道的分界处，鼠标呈现⇕时，可以调整音频轨道的显示宽度。在监听声音的同时，可以查看其波形。

做一做

在节目窗口中单击播放按钮，听一听该音乐是否与影片的意境相符。

5.2.2 添加音效

1. 风声音效

步骤一：双击项目面板音效文件夹里的“风呼啸.wav”，在源素材窗口将其打开，按播放键监听其声音和波形，如图 5-8 所示。

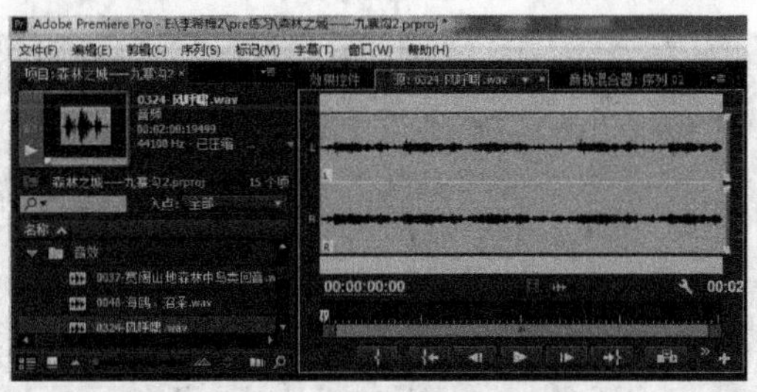

图 5-8 监听声音和波形

步骤二：在 0 帧处设置入点，单击 { 键，按播放键播放“风呼啸.wav”；当声音播放到 22 秒 13 帧处，单击 } 键，设置出点，选取一段“风呼啸.wav”的声音，如图 5-9 所示。

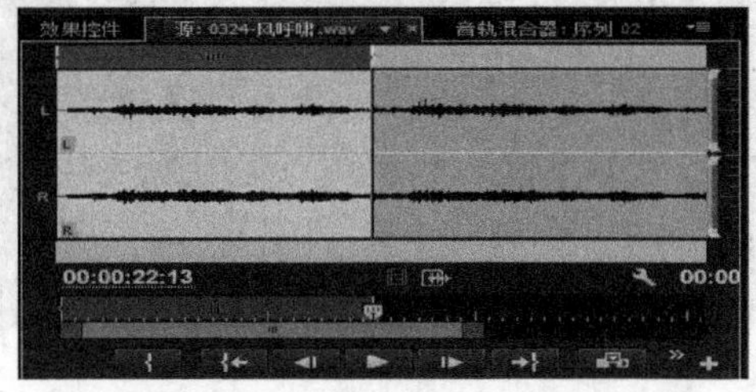

图 5-9 设置入点和出点

步骤三：把时间指针移到 1 分 10 秒 24 帧，让时间线面板音频 2 轨道处于高亮显示。单击素材源窗口的按钮，将选取的这段“风呼啸.wav”声音插入音频 2 轨道的 1 分 10 秒 24 帧处，如图 5-10 所示。

图 5-10　将声音插入指定位置

步骤四：在九寨沟视频和“神奇的九寨”被剪切开的空白处右击，在弹出的快捷菜单中执行“波纹删除”命令，后面的内容自动连接到前一段末尾，如图 5-11 所示。

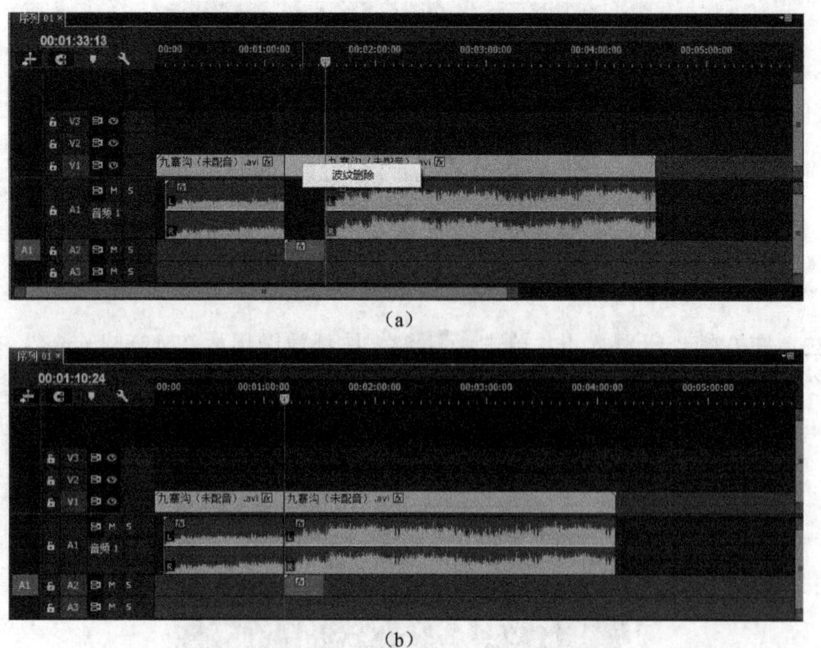

图 5-11　消除空白部分

步骤五：在时间线面板上按空格键播放，可听到背景音乐和“风呼啸”的声音。将时间指针移动到 1 分 17 秒 20 帧，鼠标指针移动到素材的末尾，当鼠标指针变成红色时，向前拖动到 1 分 17 秒 20 帧，如图 5-12 所示。

提示：单击波纹编辑工具（快捷键 B 键），向前拖动，可以删除时间指针后面的声音。

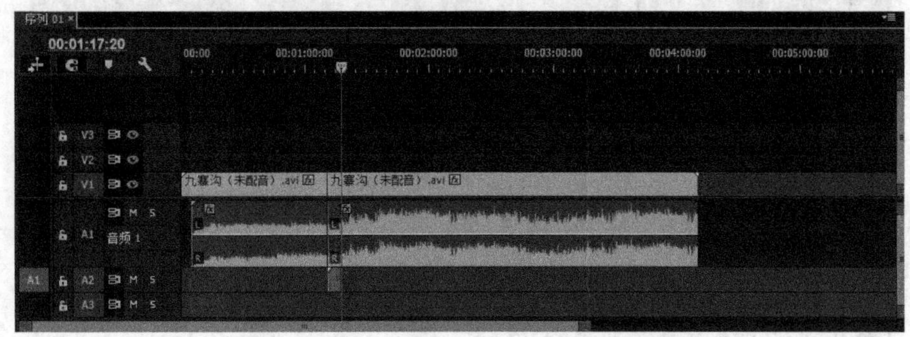

图 5-12　拖动鼠标删除时间指针后面的声音

2. 瀑布音效

步骤一：将时间指针移到 1 分 18 秒 03 帧，从项目面板拖动“瀑布.wav”音频到音频 2 轨道的 1 分 18 秒 03 帧处，如图 5-13 所示。

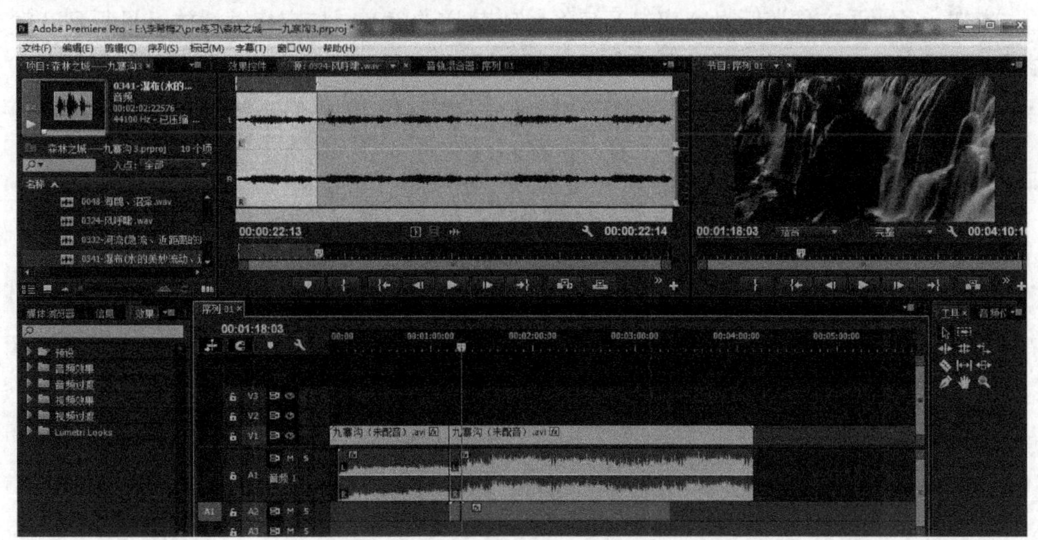

图 5-13　将音频拖到相应轨道

步骤二：在时间线面板上按空格键播放，可听到背景音乐和瀑布音效，将时间指针移动到 1 分 27 秒 13 帧，鼠标指针移动到瀑布音效的末尾。当鼠标指针变成红色时，向前拖动到 1 分 27 秒 13 帧，如图 5-14 所示。

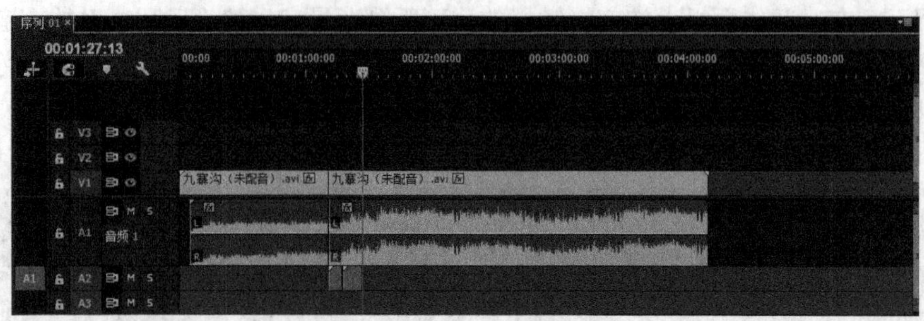

图 5-14　删除时间指针后面的声音

做一做

参照风声和瀑布音效的添加方法，在视频中添加鸟鸣声、流水声和海鸥声。

1）2 分 35 秒 7 帧：添加鸟鸣声。

2）2 分 40 秒 0 帧：添加流水声。

3）2 分 57 秒 18 帧：添加海鸥声。

5.2.3　音频音效优化

步骤一：为了方便监听鸟鸣声，开启音频 1 轨道的静音，按空格键播放，只听到音频 2 轨道音效的声音，可明显听到鸟鸣声有噪声，如图 5-15 所示。

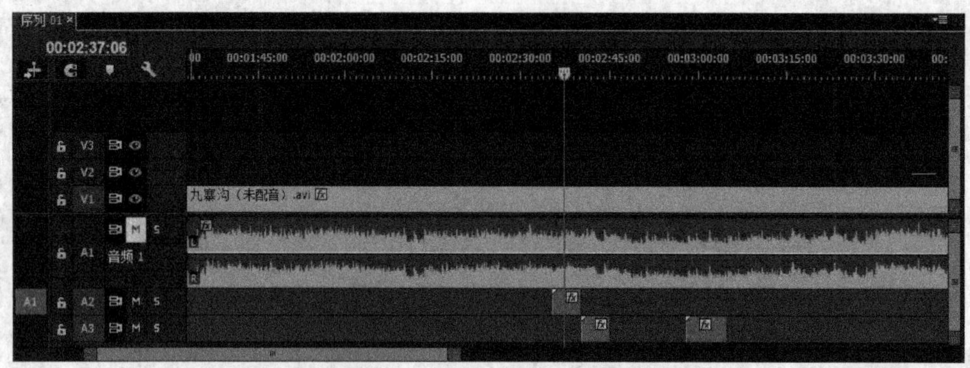

图 5-15　音频轨道 2 的音效

步骤二：选中时间线面板音频 2 轨道的“鸟鸣声（有噪声）.wav”，执行“效果/音频效果/低通”命令，如图 5-16 所示。

提示：为了方便找到需要的音频滤镜，可以在搜索栏输入关键词进行搜索。如果我们要添加低通滤镜，直接在［低通］输入“低通”，则低通滤镜就显示出来了。

步骤三：将“低通”拖动到“鸟鸣声（有噪声）.mp3”上。参数设置如图 5-17 所示。

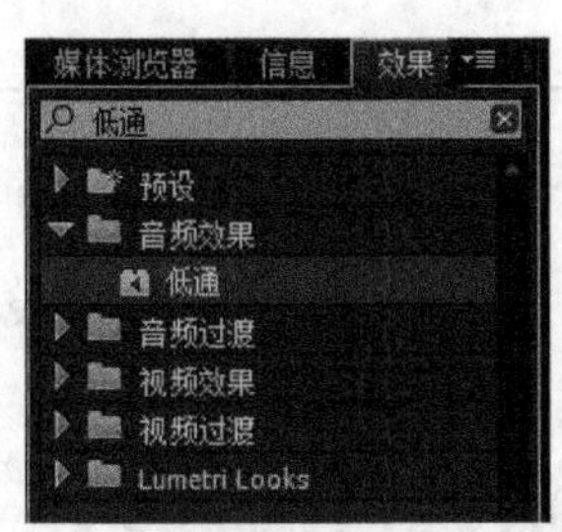

图 5-16 “效果/音频效果/低通”命令

图 5-17 参数设置一

提示：低通用于滤除高于指定频率的频率。

步骤四：将音频效果里面的“DeNoiser（降噪器）”拖动到“鸟鸣声（有噪声）.mp3”上。参数设置如图 5-18 所示。

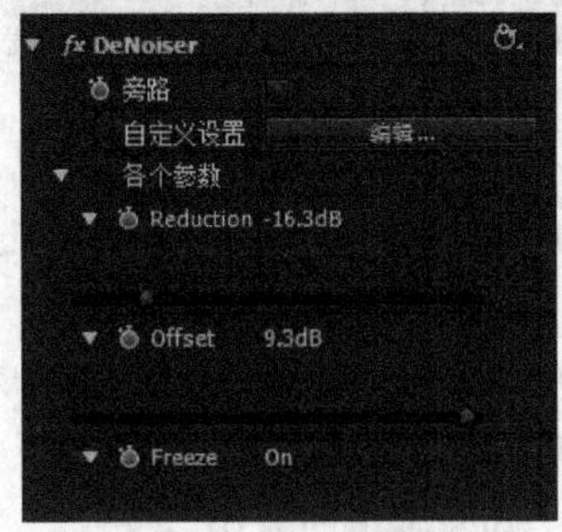

图 5-18 参数设置二

注：1. DeNoiser：用来对噪声进行降噪处理的，它能自动探测到素材中的噪声，并且自动清除。DeNoiser 在清除由于采集素材而引起的噪声时有相当好的效果。

2. Reduction（清除量）：设置需要清除噪声的音量范围的（-20～0 分贝）。
3. Offset（偏移量）：设置由 DeNoiser 自动探测到的噪声频率和用户自定义噪声频率的值。
4. Freeze（冰冻）：将噪声的采样频率停止在当前时刻。Freeze 主要是用来对噪声进行定位处理和降噪处理。

听一听

降噪前和降噪后的声音有什么不同？

问题

噪声是不是一点用都没有？如果不是，举一两个影片中有噪声加强效果的例子。

【知识链接】

常用音频滤镜

常用的音频滤镜有回响（Reverb）、延迟（Delay）、低音（Trable）、平衡（Balance）和高音转换器（Pitch Shifter）,分别如图 5-19～图 5-23 所示。

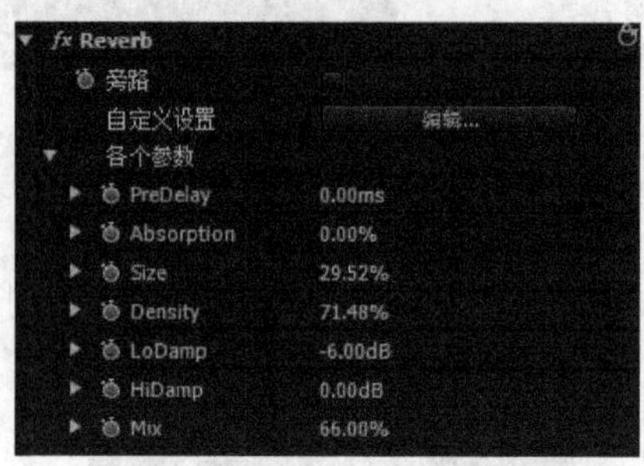

图 5-19　回响

注：1. Pre Delay（预延迟）：模拟声音撞击到墙面再反弹所用的时间。
2. Absorption（吸收）：表示声音的吸收率。
3. Size（大小）：模拟空间的大小，值越大，空音越大。
4. Density（密度）：回响尾音的密度。
5. LoDamp（低阻尼）：低频阻尼的大小。
6. HiDamp（高阻尼）：高频阻尼的大小。
7. Mix（混音）：声音中回响的混合度。

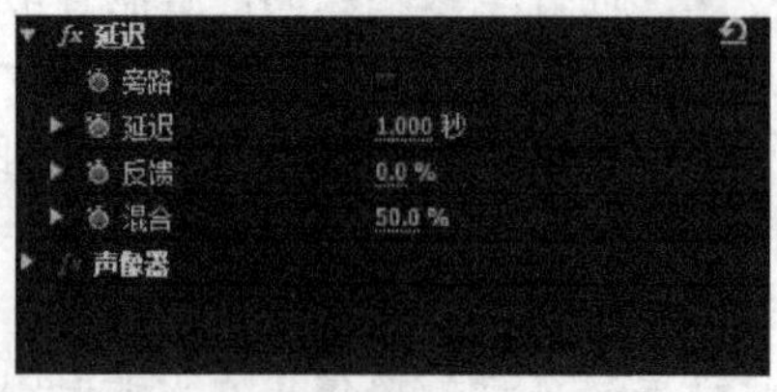

图 5-20　延迟

注：1. 延迟（Delay）：延迟效果的出现与原来声音之间所间隔的秒数。
2. 反馈（Feedback）：反馈到一系列延迟效果的百分比数值。
3. 混合（Mix）：与效果声音的混合比例。

图 5-21　低音

注：提升（Boost）：将其下滑杆上的滑块向左侧移动降低数值时，减少重音；向右侧移动增大数值时，加大重音。

图 5-22 平衡

注：平衡（Balance）：用来平衡左右声道。正值用来调整右声道的平衡值，负值用来调整左声道的平衡值。

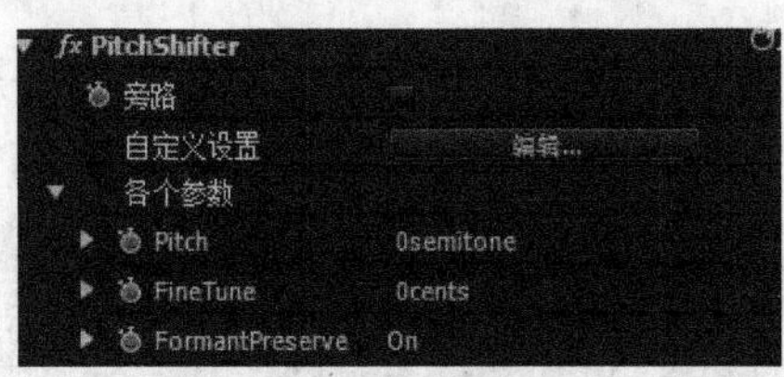

图 5-23 高音转换器

注：1. Pitch Shifter：用来调整引入信号的音高，可以加深或减少原始素材的高音。
2. Pitch：可以调节音调的高低。
3. Fine Tune：调节音频播放速率。
4. Formant Preserve：控制类似卡通声音和振鸣效果。

5.2.4 淡化音乐音效

1. 给背景音乐添加"淡入/淡出"效果

步骤一：选中时间线面板音频轨道 1"神奇的九寨"，执行"效果/音频过渡/交叉淡化/恒定功率"命令，拖放到"神奇的九寨"的入点，如图 5-24 所示。

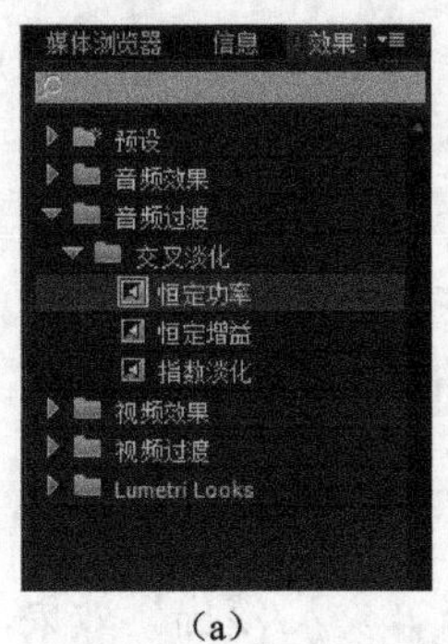

（a）

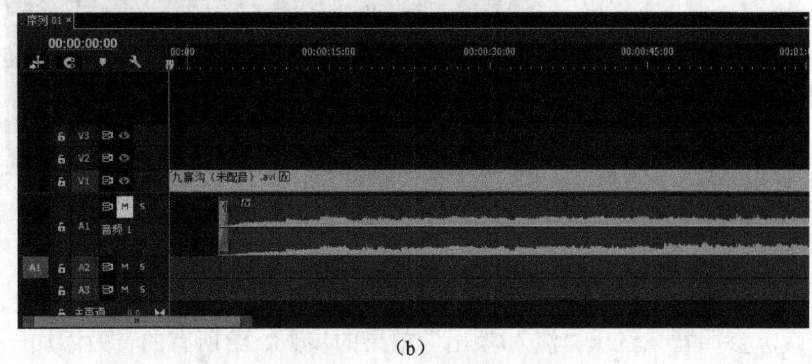

（b）

图 5-24 执行"恒定功率"命令，拖放到"神奇的九寨"的入点

步骤二：选中该效果标识，进入“效果控件”面板，参数设置如图 5-25 所示。按空格键播放可听到淡入处理的效果。

图 5-25　参数设置一

步骤三：选中时间线面板音频轨道 1“神奇的九寨”，将音频过渡滤镜“恒定功率”拖放到“神奇的九寨”的出点，如图 5-26 所示。按空格键播放可听到淡出处理的效果。

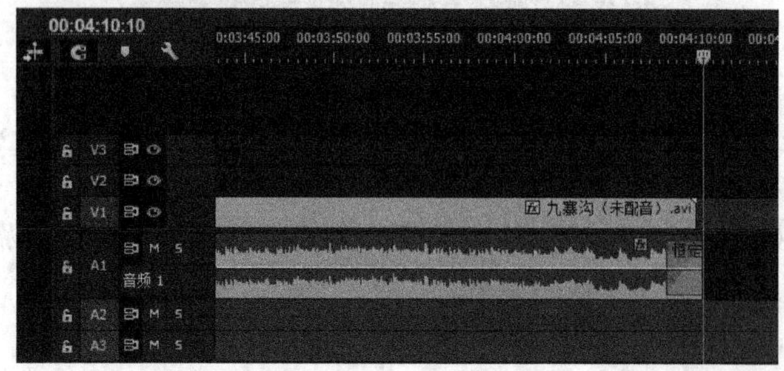

图 5-26　将“恒定功率”拖放到“神奇的九寨”的出点

步骤四：选中该效果标识，进入“效果控件”面板，参数设置如图 5-27 所示。

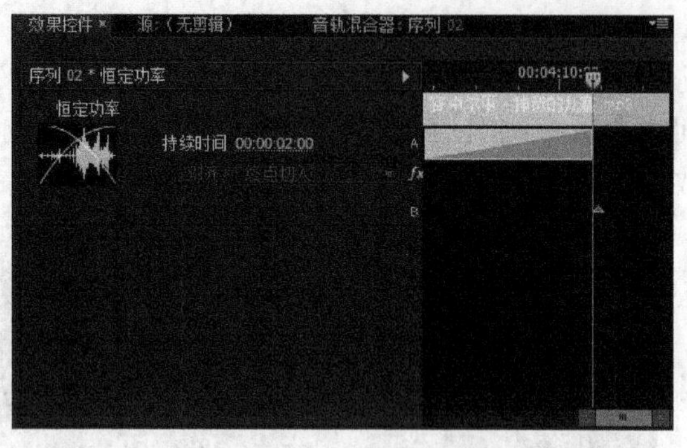

图 5-27　参数设置二

2. 给音效添加“淡入/淡出”效果

参照背景音乐“淡入/淡出”效果的步骤，给所有的音效添加一个“淡入/淡出”效果，如图 5-28 所示。

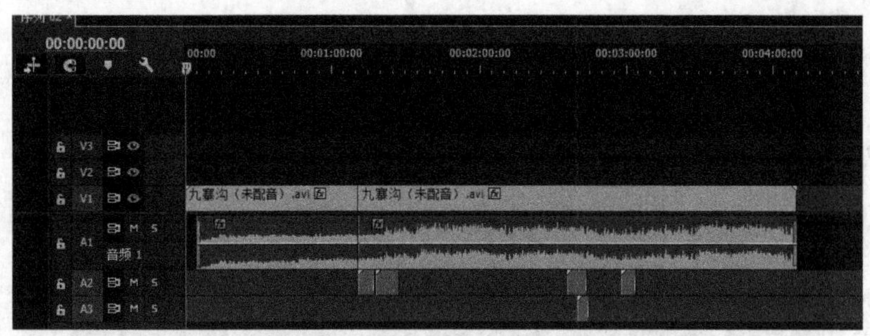

图 5-28　添加“淡入/淡出”效果

做一做

将“效果/音频过渡/交叉淡化”中的“恒定增益”和“指数淡化”添加到音乐音效中，听听效果有什么不同。

知识窗

音频过渡中的交叉淡化如图 5-29 所示。

图 5-29　交叉淡化

注：1. “恒定功率”交叉淡化创建平滑渐变的过渡，与视频剪辑之间的溶解过渡类似。此交叉淡化首先缓慢降低第一个剪辑的音频，然后快速接近过渡的末端。对于第二个剪辑，此交叉淡化首先快速增加音频，然后更缓慢地接近过渡的末端。

2. “恒定增益”交叉淡化在剪辑之间过渡时以恒定速率更改音频进出。此交叉淡化有时可能听起来会生硬。

3. “指数淡化”淡出位于平滑的对数曲线上方的第一个剪辑，同时自下而上淡入同样位于平滑对数曲线上方的第二个剪辑。通过从“对齐”控件菜单中选择一个选项，可以指定过渡的定位。“指数淡化”过渡虽然类似于“恒定功率”过渡，但是更渐变。

5.2.5 利用关键帧调整音频过渡

步骤一：调整音频轨道显示的宽度，让关键帧显示出来，如图 5-30 所示。

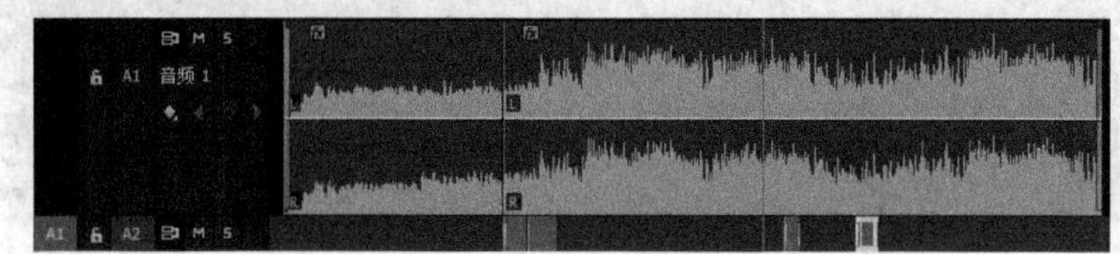

图 5-30 显示出关键帧

步骤二：选中要做淡入处理的素材，将时间指针移动到素材的入点，添加一个关键帧。移动时间指针到淡入结束位置，再添加一个关键帧，将入点处的关键帧往下拉，按空格键播放，则对素材做了一个淡入处理，如图 5-31 所示。

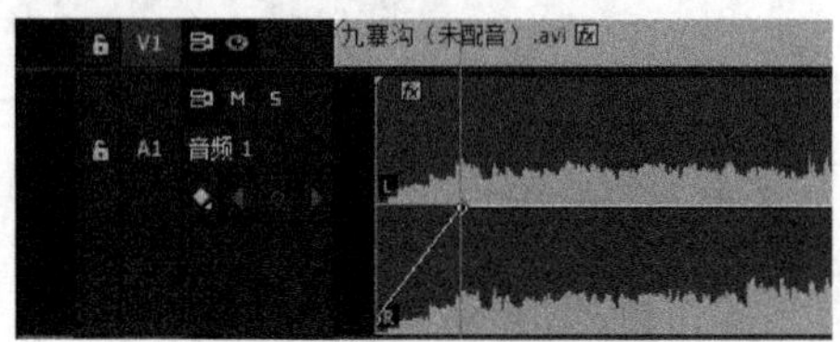

图 5-31 对素材做淡入处理

步骤三：选中要做淡出处理的素材，将时间指针移动到素材的末尾，添加一个关键帧。移动时间指针到开始做淡出处理位置，再添加一个关键帧，将出点的关键帧往下拉，按空格键播放，则对素材做了一个淡出处理，如图 5-32 所示。

图 5-32 对素材做淡出处理

做一做

利用关键帧调整本片中的音效，使之自然过渡。

5.2.6 调整音频增益

将“海鸥.wav”和“鸟鸣.mp3”音量调大

步骤一：分别选中时间线面板音频 2 轨道“海鸥.wav”和“鸟鸣.mp3”并右击，在弹出的快捷菜单中执行“音频增益”命令，如图5-33所示。

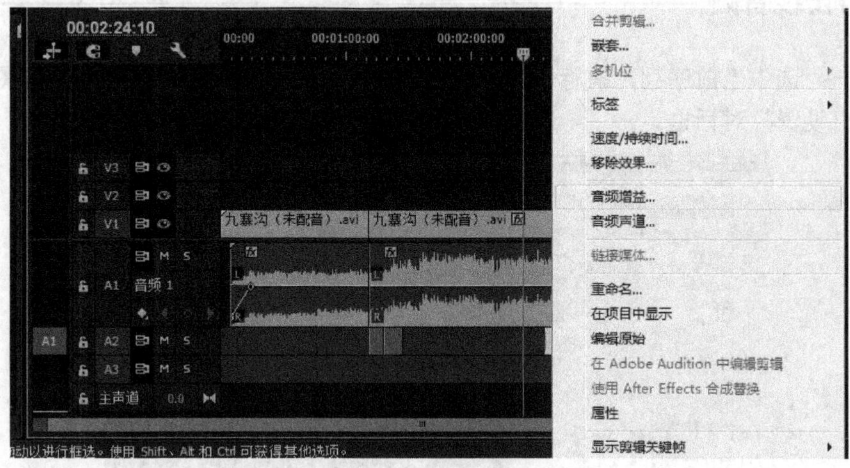

图5-33　音频增益

步骤二：调整音频增益的值，参数设置如图5-34所示。

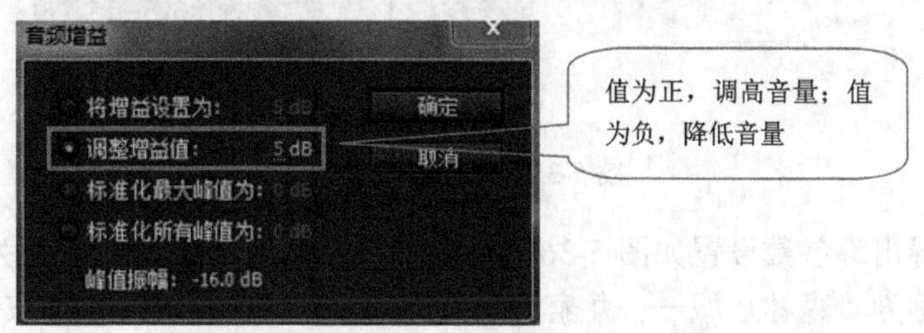

图5-34　“音频增益”参数设置

做一做

利用“音频增益”命令将“瀑布.wav”、“流水.wav”音效声音调小。

知识窗

音频增益

增益通常指剪辑中的输入电平或音量。音量通常指序列剪辑或轨道中的输出电平或音量。“音频增益”命令独立于“调音台”和时间线面板中的输出电平设置，但其值将与最终混合的轨道电平整合。可以在“效果控件”或时间线面板中调整序列剪辑的音量，在“效果控件”来调整音量，方法同设置其他效果选项，简单的做法是在时间线面板中调整音量效果。

5.2.7　导出视音频

步骤一：选中当前序列，执行“文件/导出/媒体”命令（快捷键 Ctrl＋M）（图 5-35），弹出“导出设置”对话框。

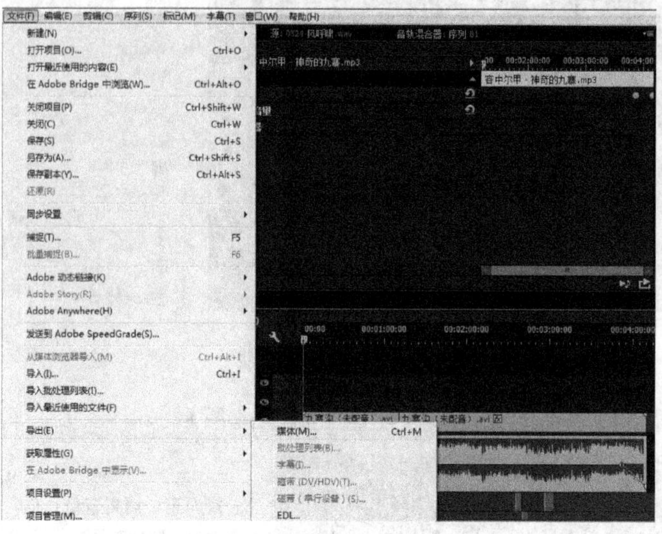

图 5-35　“导出”选项

步骤二：“导出”参数设置如图 5-36 所示。视频格式为“AVI”，预设为“PAL DV 宽银幕”。输出名称为“森林之城——九寨沟（配音）.avi”，单击“导出”按钮。

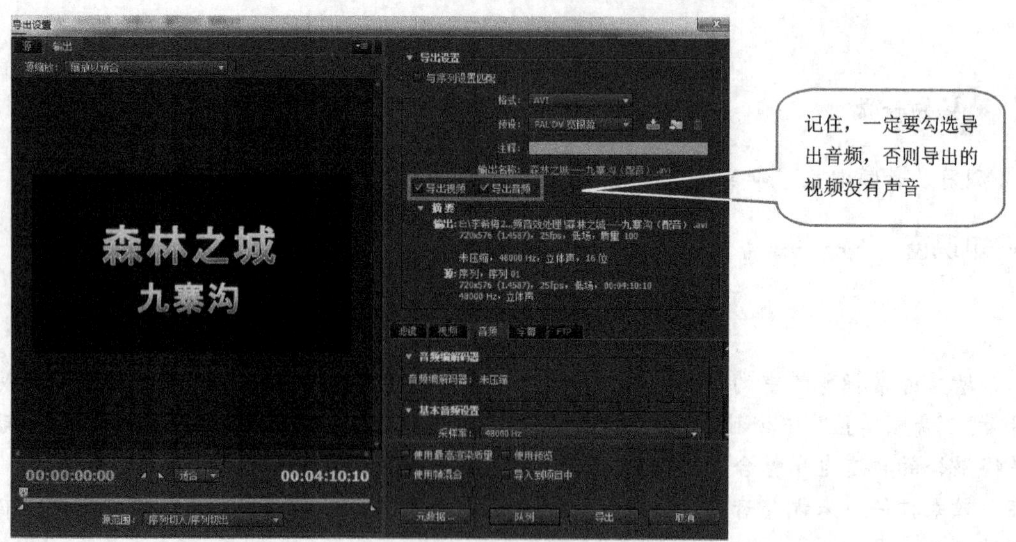

图 5-36　“导出”参数设置

做一做

将自己给“九寨沟（未配音）”欣赏片配音的项目文件导出一个AVI格式的视频。

【任务测试】

自己收集音频素材，给“九寨沟（未配音）”欣赏片添加另一种风格的配音方案。

【知识链接】

中国著名的配乐大师——谭盾

谭盾（图5-37），中国著名作曲家、指挥家。主要荣誉：2001年获奥斯卡“最佳原创音乐奖”和“格莱美”大奖。1999获“格文美尔”大奖、德国权威的“巴赫奖”。2006年，他被世界十大中文媒体评为“影响世界的十位华人”之一。2008年，他为北京奥运会创作徽标音乐和颁奖音乐。2010年担任中国上海世界博览会全球文化大使。

图5-37 谭盾

谭盾的主要作品有香港回归中国的交接仪式音乐《天地人》、世界交响曲《2000Today》，首创世界首部网络交响乐。

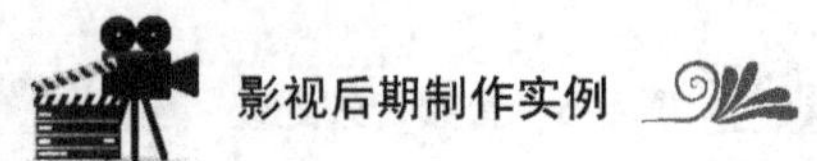

项 目 测 试

一、理论测试

1．填空题

1）音频过渡的方式有________、________、________。

2）调整素材音量的方法有哪几种？

2．选择题

1）下面________是剃刀工具。

A.　　　B.　　　C.　　　D.

2）要打开“效果”面板，需要运用到________。

A．文件　　　B．视图　　　C．窗口　　　D．帮助

3．简述三种音频过渡方式的区别。

二、技能测试

1．观看电影《卧虎藏龙》(图 5-38)，体会电影中音乐的魅力。

图 5-38　电影《卧虎藏龙》截图

2．用手机在校园中拍摄一段校园风景或人物的视频，并给该段视频配上音乐音效，使之具有一定的欣赏性。

项目 6
影视短片制作

项目介绍

影视短片不是指规模小、制作不专业的影片，而是指时间一般不超过 30 分钟的完整影片。制作短片的要素和长片的要素是相同的，因此制作短片也能提高我们的拍摄水平。本项目通过《榜样的力量》影视短片制作来学习影片的制作方法及流程。

教学目标

1．了解影视短片的设计要领和制作思路。

2．掌握影视短片的制作方法。

3．掌握影视短片的片头片尾制作方法。

4．掌握影视特效及视频转场的制作方法。

5．掌握影视中视频与声音的合成技术与音视频的输出方法。

任务 6.1 《榜样的力量》前期创意

【工作任务】

了解影视剧本的分类，掌握影视景别与镜头的概念及划分方法、分镜脚本格式及影视短片的制作流程。

【任务目标】

1. 学会区别各种影视景别。
2. 学会编写影视短片的分镜头脚本。
3. 学会短片故事情节创意。
4. 了解影视短片的制作流程。

6.1.1 景别

景别是指摄影机与被摄体的距离不同，造成被摄体在电影画面中所呈现出的范围大小有区别。景别的划分，一般可分为六种，如图 6-1 所示。

图 6-1 人物不同景别与画面关系对比

大特写：又称“细部特写”，把拍摄对象的某个细部拍得占满整个画面的镜头，重在细节。

特写：人体肩部以上，重在表现神态。

近景：俗称“七分像”，指摄取人物小腿以上部分的镜头，重在表情。

中近景：俗称“半身像”，指从腰部到头的镜头，重在表现形态。

全景：人体的全部和周围背景，重在表现气氛。

远景：深远的镜头景观，人物在画面中只占有很小位置。广义的远景基于景距的不同，又可分为大远景、远景、小远景三个层次，重在表现气势和环境。

在电影中，导演和摄影师利用场面调度和镜头调度，交替地使用各种不同的景别，可以使影片剧情的叙述、人物思想感情的表达、人物关系的处理更具有表现力，从而增强影片的艺术感染力。

问题

将下面画面的景别写在图片下的括号内。

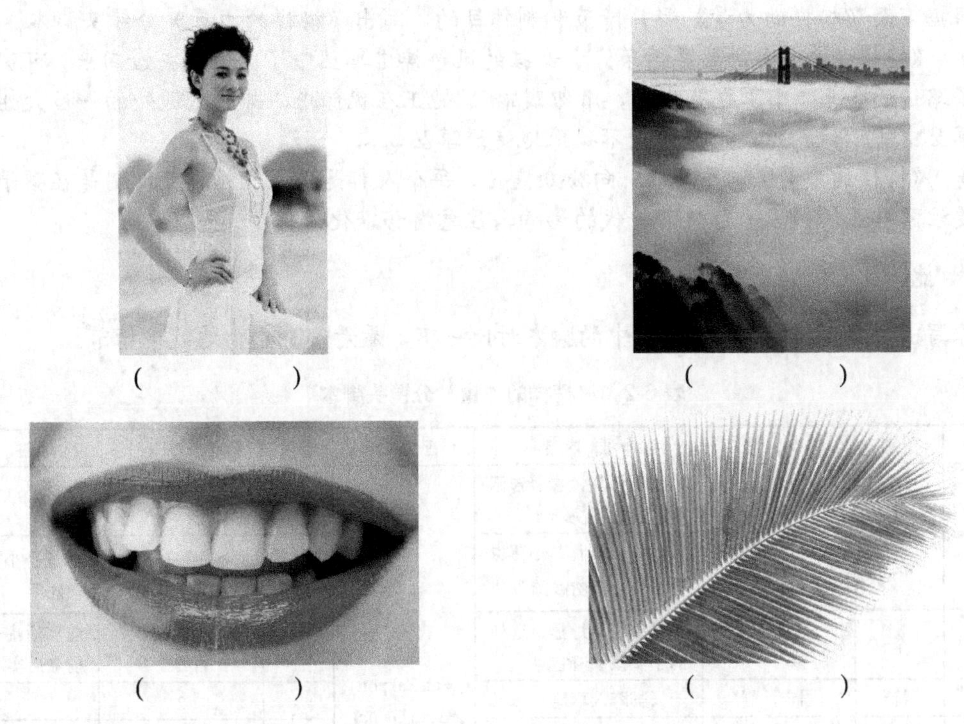

( ) ( )

( ) ( )

6.1.2 分镜头设计

分镜头：分镜头脚本，又称摄制工作台本，依据文字脚本分出一个个可供拍摄的镜头，然后将分镜头的内容写在专用的表格上，成为可供拍摄、录制的稿本。不是对文字脚本的图解和翻译，而是在文字脚本的基础上进行影视语言的再创造。分镜头脚本的格式如表6-1所示。

表 6-1　分镜头脚本的格式

镜　号	景　别	摄　法	画 面 内 容	音　乐	音　效	镜头长度/s	备　注

分镜头脚本的作用主要表现在三个方面：一是前期拍摄的脚本；二是后期制作的依据；三是长度和经费预算的参考。

镜号：镜头顺序号，按组成电视画面的镜头先后顺序，用数字标出作为某一镜头的代号。拍摄时不一定按顺序号拍摄，但编辑时必须按顺序编辑。

摄法：摄像机的拍摄方法和角度，常用的摄法有推、拉、摇、固定、移、跟、升、降、俯、仰、甩等。

写一写

根据下面《榜样的力量》影片情节和制作目的，写出《榜样的力量》分镜头脚本。

- 《榜样的力量》的故事情节：小女孩的风筝掉进草丛中了，她想去捡回来，可突然看见了路边的告示“小草也有生命，请勿践踏”。她正在犹豫中，却看见远处的一位大姐姐正在草丛中快乐地拍照，于是她毫不犹豫地走进草丛……
- 《榜样的力量》制作目的：向公众宣传，每个人都是别人的榜样，特别是在孩子面前，要注意自己的一言一行对下一代的影响，注意潜移默化的作用。

比一比

你写出的分镜头脚本与表 6-2 中的脚本对比一下，看看哪个更合适故事情节。

表 6-2　《榜样的力量》分镜头脚本

镜号	景别	摄　法	画 面 内 容	音　乐	音效	镜头长度（s）	备注
01	近	固定，正	小女孩低头，看着告示牌，犹豫不决	Fah Zakpon [Bean Game]		3	
02	中	固定，正	告示牌上写着“小草也有生命，请勿践踏”			2	前景是小女孩的手
03	全	固定，正	风筝躺在草地里，远处的小女孩望着它			5	前实后虚—前虚后实
04	特	固定，侧	一只脚跨入草地			2	
05	近	固定，正	小女孩向右看去			1	
06	全	固定，45°侧	远处一个女生跳入草地拍照			4	
07	近	固定，正	小女孩转回头			3	
08	中	固定，45°侧	小女孩缓缓抬起脚，准备跨入草地			3	前景是拍照的人
09	字幕：“榜样”					5	

【任务测试】

根据本任务的内容，将下面制作影视短片流程的步骤补充完整。

创意故事情节—根据情节写出剧本—编写（　　）—根据分镜头拍摄影视片段—短片剪辑—添加特效和过渡—制作片头片尾—合成输出影片

【知识链接】

世界第五代名导——张艺谋

张艺谋（图 6-2），1950 年 11 月 14 日生于陕西西安，中国著名电影导演，“第五代导演”的代表人物之一，是北京奥运会开幕式、闭幕式总导演，曾获美国波士顿大学、耶鲁大学荣誉博士学位。曾当过三年“下乡知青”和七年纺织厂工人。1978 年，他破格进入北京电影学院摄影系学习，1982 年毕业后被分配到广西电影制片厂。1984 年第一次担任电影摄影师就一鸣惊人；1986 年主演第一部电影《老井》获奖；1987 年他执导第一部电影《红高粱》，获中国首个国际电影节金熊奖。从此开始实现他电影创作的三部曲，由摄影师走向演员，最后成为导演。

其拍摄的影片多次获得国际电影节大奖，并三次提名奥斯卡金像奖、五次提名金球奖。曾任第 18 届东京国际电影节评委会主席和第 64 届威尼斯国际电影节评委会主席。早期他以执导中国民间文化和传统地域特色的电影著称，艺术特点是细节的逼真和色彩的浪漫相互映照。2002 年，他执导的武侠巨制《英雄》开启了中国电影的大片时代。他的电影风格勇于创新且涉及题材广泛，每有新作上映都会引起舆论的高度关注。2012 年，张艺谋先后获得第 14 届孟买国际电影节终身成就奖、韩国电影大钟奖特别贡献奖、马拉喀什国际电影节杰出成就奖和开罗国际电影节终身成就奖。

图 6-2　张艺谋

任务 6.2 优胜劣汰
——短片剪辑

【工作任务】

根据任务 6.1 中的分镜头脚本，在拍摄好的影视素材中剪辑分镜头所需的镜头场景，再将这些场景利用“过渡转场”技术连接成一段影视短片。

【任务目标】

1．掌握分镜头脚本的具体应用。

2．学会利用 Adobe Premiere Pro CC 剪辑影片。

3．学会在 Adobe Premiere Pro CC 中添加过渡转场。

4．学会特殊镜头的处理方法。

6.2.1 分析制作目标

打开“配套电子资源包/项目 6/任务 6.2/样片.avi”文件，对比分镜头脚本，看样片是否符合镜头脚本的要求。

图 6-3 样片

问题

此影片连贯吗？是否会让人觉察到是由视频片段拼凑而成的？

6.2.2 短片剪辑

1．新建项目，导入素材

步骤一：启动 Adobe Premiere Pro CC 软件，新建项目“榜样的力量”，单击“确定”按钮。

步骤二：在项目面板中右击，在弹出的快捷菜单中执行“导入”命令，将素材“榜样.avi”文件导入，导入后项目面板如图 6-4 所示。

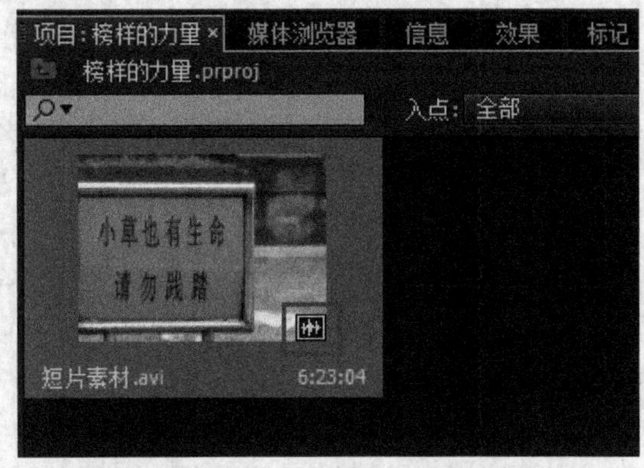

图 6-4　导入素材后的项目面板

问题

图 6-4 中素材预览窗口中的音频线有什么含义？

2. 新建序列

步骤一：在项目面板的空白处右击，在弹出的快捷菜单中执行“新建项目/序列”命令。

步骤二：在“序列预设”中选择“DV-PAL/标准 48kHz”模式（图 6-5），在“序列名称”中输入“榜样”，单击“确定”按钮。

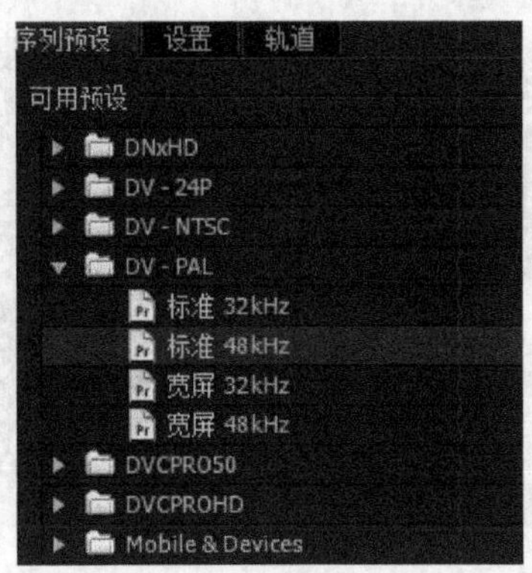

图 6-5　序列预设

步骤三：将“短片素材.avi”拖到“源：素材窗口”，可预览素材视频文件，如图 6-6 所示。

图 6-6　预览素材视频文件

3. 剪切“镜号 01”，加入新建的序列中

步骤一：观看“源：素材窗口”中的素材视频，找出《榜样的力量》分镜头脚本“小女孩低头，看着告示牌，犹豫不决”。正面近景画面，此画面镜头在源素材的 00:00:58:18 处，在此处按 I 键打上入点，如图 6-7 所示。

步骤二：由于分镜头脚本要求此画面是三秒，向右观看接下来的三秒是否符合分镜头脚本的要求，即“小女孩低头，看着告示牌，犹豫不决”。如果符合，就直接按 O 键打上出点，如图 6-8 所示。

图 6-7　近景画面打上入点后的效果

图 6-8　接下来的三秒符合分镜头的脚本

步骤三：将剪辑出来的镜头加入新建的序列中，按插入按钮，即可将 00:00:58:18～00:01:00:18 片段插入序列中。此时，节目窗口及时间线如图 6-9 所示，完成“镜号 01”的剪辑工作。

(a)

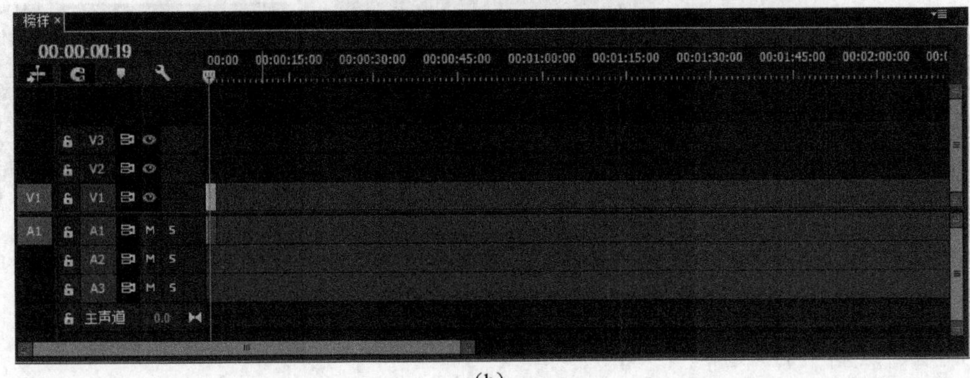

(b)

图 6-9　完成剪辑工作

4. 剪辑余下的镜头，加入序列中

步骤一：根据“镜号 02”的内容“告示牌上写着‘小草也有生命，请勿践踏’，前景是小女孩的手，时间要求 2 秒”，继续观察素材片内容，发现此镜头在 00:00:42:09 处，因此在此位置按 I 键打上入点，00:00:44:09 处也是此镜头，刚好符合分镜头脚本，因此在 00:00:44:09 处按 O 键打上出点，如图 6-10 所示。

图 6-10　在 00:00:44:09 处按 O 键打上出点

步骤二：在时间线面板中按 End 键将播放头移到第一个镜头的结束处，再选中源素材窗口，单击窗口中的将第二个镜头插入时间线当前位置。

步骤三：按相同的方法剪辑“镜号 03”～“镜号 08”，如图 6-11 所示。

（a）镜号 03（00:05:21:23～00:05:26:23）

（b）镜号 04（00:05:09:07～00:05:10:19）

（c）镜号 05（00:03:31:09～00:03:32:09）

（d）镜号 06（00:05:13:20～00:05:17:20）

（e）镜号 07（00:02:47:13～00:02:49:13）

（f）镜号 08（00:04:39:06～00:04:41:05）

图 6-11　剪辑效果

5. 去掉素材中的声音

通过观察剪辑出来的八个镜头，发现声音很杂。为使短片顺畅，需要将源素材中的声音剪去，统一加上音乐或音效。

步骤一：单击时间线面板，按快捷键 Ctrl＋A 全选素材片段，按快捷键 Ctrl＋L 取消所有素材片段的音频与视频之间的链接，取消后效果如图 6-12 所示。

图 6-12　取消音频与视频链接后的效果

步骤二：全选音频轨上所有音频片段，按 Delete 键删除所有的音频，如图 6-13 所示。

图 6-13　删除所有的音频

问题

在节目窗口中预览剪下来的片段，这些片段是否都是按顺序从源素材中剪辑出来的？有哪几个片段的顺序发生了改变？

6.2.3 特殊镜头的处理

剪辑出来的“镜号 04”和“镜号 08”都不符合分镜头脚本要求，因此需要进行处理，步骤如下。

步骤一：“镜号 04”要表现脚本“一只脚跨入草地”特写镜头，而素材中提供的不是特写效果，因此要添加一个放大变慢效果以便表现小女孩的内心活动。

步骤二：“镜号 08”中说明“小女孩缓缓抬起脚”此处要加一个“慢动作”，但这是素材片中没有的，因此需要添加一个时间变慢的特效。选中“镜号 08”片段，按快捷键 Ctrl＋R 调出“剪辑速度/持续时间”对话框，将速度调为“50%”，如图 6-14 所示，即可达到分镜头脚本所需。

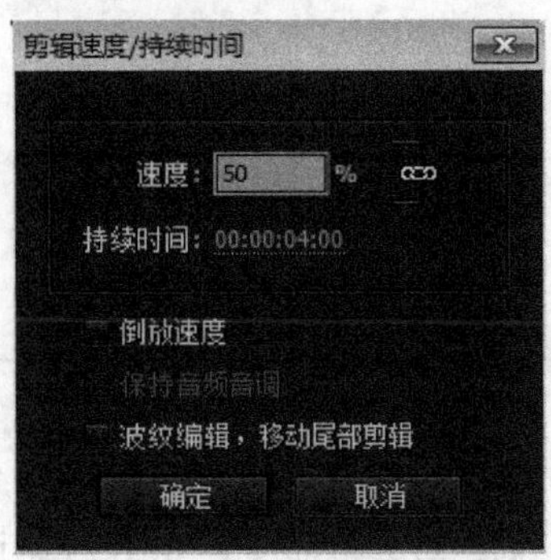

图 6-14 “剪辑速度/持续时间”对话框

做一做

勾选“剪辑速度/持续时间”中的“倒放速度”选项，观察速度是________%，再播放视频看看发生了什么变化。

6.2.4 添加转场效果

步骤一：单击节目窗口中的▶按钮，预览剪辑后的视频，发现每段视频之间过渡不连贯，因此需添加转场效果来美化剪辑后的视频。

步骤二：执行“效果/视频过渡/溶解/渐隐为黑色”命令，将此命令拖到两段素材的交接处，重复此操作，将每段素材之间都加上“渐隐为黑色”（图 6-15）渐变过渡效果。时间线面板如图 6-16 所示。

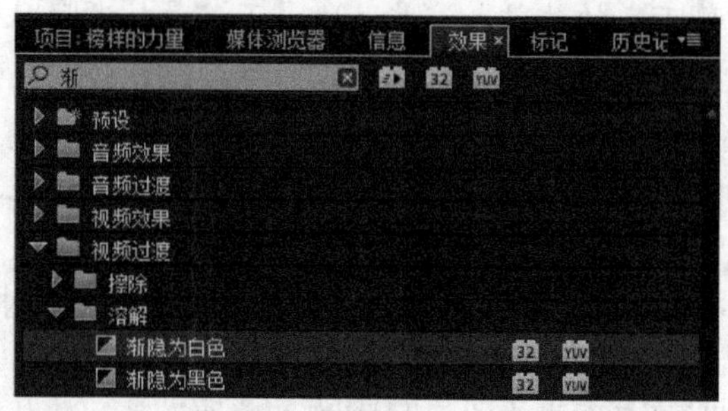

图 6-15　添加“渐隐为黑色”效果

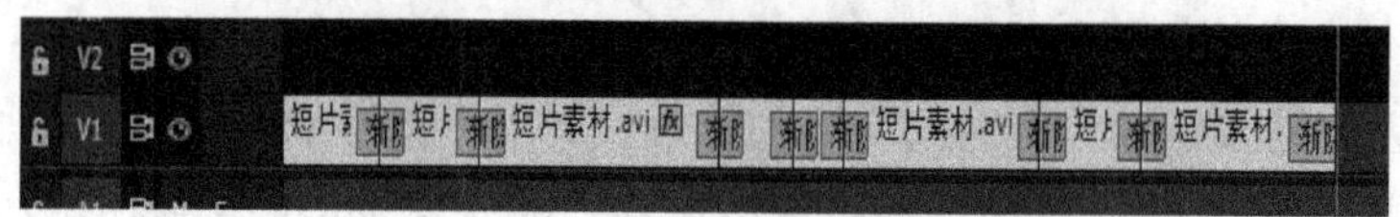

图 6-16　“渐隐为黑色”的时间线面板

练一练

一般有两种转场过渡：“黑场过渡”和“白场过渡”，试着用上述方法，将“黑场过渡”改变为“白场过渡”。

6.2.5　文件保存

步骤一：按快捷键 Ctrl+S 保存该项目，以便下一任务使用。

步骤二：执行“文件/导出/媒体（M）”命令，导出为.avi 文件，文件名为“榜样 2.avi”。

【任务测试】

将本任务中的转场效果删除，然后在每个片段之间添加不同的转场过渡效果，并对比一下两者效果的优劣。

【知识链接】

传统的影片剪辑处理十法

1）显（又称“渐显”、“渐明”、“淡入”）：影视片镜头从全黑中渐渐现出画面，如黑暗中舞台上的灯光渐渐明亮起来一样（开幕）。往往用在一场戏第一个镜头的开端，表现一场戏或一个段落的开始。

2）隐（又称“渐隐”、“渐暗”、“淡出”）：影视片镜头中画面由明亮渐渐变暗，直至变成全黑，如舞台上的灯光由明亮渐渐转暗（闭幕）。往往用在一场戏最后一个镜头的末尾，表现一场戏或一个段落的终结。电影中“显/隐”技巧制作的长度一般为 1.5～4.5 英尺（1 英尺＝0.3048 米），常用尺寸为 3～4 英尺。电视“显/隐”技巧制作的长度一般为 2 秒。

3）化（又称“溶化”、“溶变”）：影视片在前一个镜头尾“渐隐”中，同时后一个镜头渐显入，直至上一个镜头画面完全消失，下一个镜头画面完全出现，前后两个镜头“变”的过程是经过“溶变”的状态来实现的，这种画面附加技巧称“化”。

4）划（又称“划变”、“Mask”）：影视片镜头中，前一个镜头画面渐渐划去，而在划的同时，后一个镜头画面渐渐划入，前后两个镜头“变”的过程是经过“划”的状态来实现的。镜头转换采用“划”的技巧，可使节奏加快，具有内容上的对比、映衬、活泼、明快之感。

5）甩出，甩入：镜头突然从表现对象上甩开（甩出），或镜头突然从别处甩到表现对象上，用来分离时间和空间，往往用在情节进展的关键时刻，使原来紧张的气氛更加强烈。

6）翻转画面：一个镜头经过 180° 的翻转，转换为另一个镜头。在影视片中特别适用于反差性较强的剧情对比，使影片通过对比产生一种强烈的反差效果。

7）倒正画面：将一个倒的画面旋转 180°，变为正画面，而镜头中的人物继续活动，但剧情发生的时间、地点都不同了。采用这种技巧，既交代了时间、空间的变化，又使剧情合理地向前发展了。这种画面附加技巧一般在喜剧片、闹剧片中较为多见。

8）多画面（也称“多银幕”、“画幅分割”）：就是在同一画幅中展现两个或两个以上的画面。它可以在同一画幅内表现完全不同的多时空、多动作、多种内容。

9）定格画面：将画面的主体动作突然变成静止的状态，达到强调和渲染某一细节、某一人物或某一物体的效果，从而为影视片中的某一类特殊内容、特殊需要服务。

10）画面叠印：两个以上镜头复制在同一画面上，形成一个新的镜头画面。它常用来表现回忆、想象、幻想、梦境，以及表现思想混乱、时光流逝或各种各样的繁杂现象等。

素材剪辑制作完毕，预览效果，虽然基本满足分镜头脚本要求，但要具有可观赏性还有很多欠缺，需要加上视频特效进行美化。

任务 6.3 五彩斑斓——特效大集合

【工作任务】

影视特效是现代电影中不可或缺的一部分，大到好莱坞大片，小到天气预报都用到了影视特效，目的之一是增强影视的观赏度。为使《榜样的力量》短片具有可观赏性，完成在短片中添加镜头光晕、局部放大、倒放视频、重影和画中画等视频特效。

【任务目标】

通过镜头光晕、局部放大、倒放视频和重影及画中画等特效的制作，学会在影视中制作常见的影视特效，以加强影片的可观赏度和表现角色的心理活动。

6.3.1 分析制作目标

打开“配套电子资源包/项目 6/任务 6.3/视频样片.avi”文件，回答下面的问题。

1）此样片（图 6-17）与任务 6.2 中完成的影片在观赏性方面哪个更好一点？

2）在这个影片中用到了几个影视特效？

图 6-17　特效集合

知识窗

Adobe Premiere Pro CC 中添加视频特效的方法

给视频添加特效，在 Adobe Premiere Pro CC 中一般利用“效果”面板下的“视频效果”选项来实现。视频效果在视频中的主要表现如下。

Adobe Premiere Pro CC 包括各种各样的音频与视频效果，这些效果可增添特别的视频或音频特性，或提供与众不同的功能属性。例如，改变素材曝光度或颜色、操控声音、扭曲图像或增添艺术效果。常见的视频或音频效果设置在“预设”内，如图 6-18 所示。

在视频效果栏内还有许多给视频添加效果的选项，部分效果如图 6-19 所示。

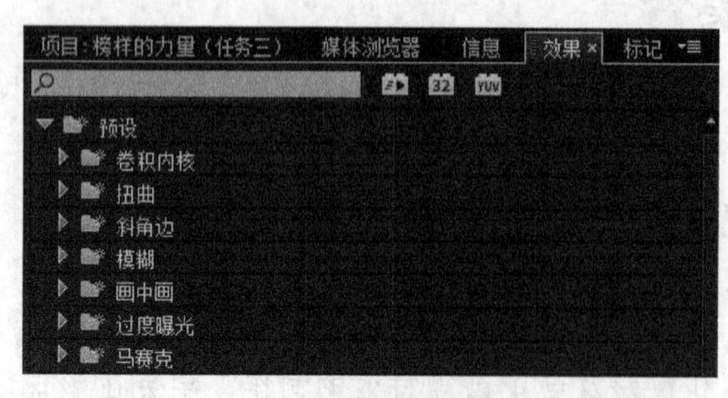

图 6-18　“预设”选项

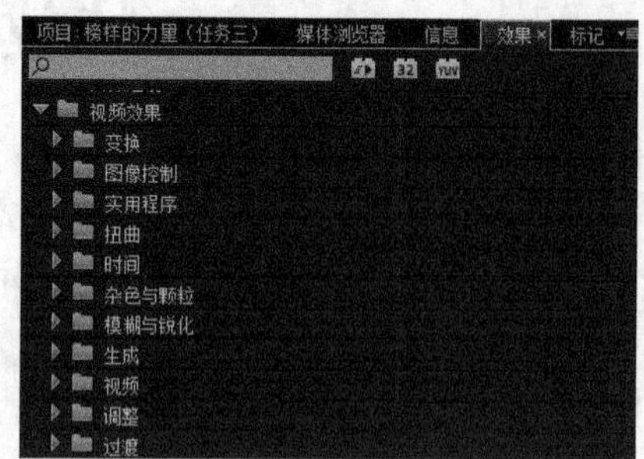

图 6-19　部分给视频添加效果的选项

从上面的“视频效果”选项可以看到，利用视频效果可以旋转和动画化剪辑，调整剪辑的大小和位置。

6.3.2 制作“镜头光晕”特效

小女孩心爱的风筝掉到了草地上，在太阳的照耀下闪闪发光，加“镜头光晕”表现小女孩迫切希望捡回风筝的心情，如图 6-20 所示。

图 6-20 效果展示

步骤一：打开“榜样的力量任务 6.2”项目，可看到任务 6.2 中制作的源文件，选中时间线上的“第三个短片素材”，如图 6-21 所示。

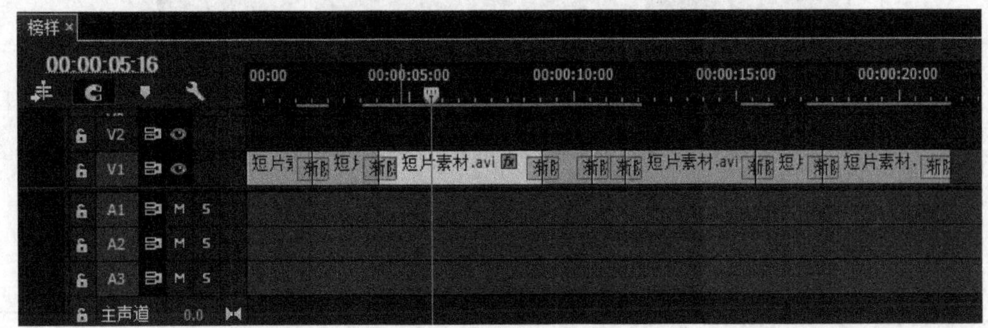

图 6-21 选中“第三个短片素材”

步骤二：选中“效果/生成/镜头光晕”特效，拖到该素材片段中（或直接拖到该素材的“效果控件”面板中），单击“光晕中心”前的，给“光晕中心”加关键帧，如图 6-22 所示。

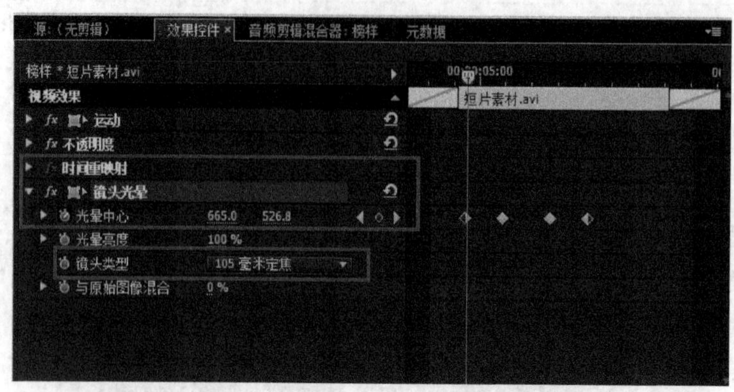

图 6-22 给“光晕中心”加关键帧

步骤三：单击“镜头光晕”效果前的■，移动“节目：榜样”窗口中的光晕，再移动时间，再移动光晕，再移动时间，再移动光晕，即创建四个光晕中心的不同位置，此时参数面板如图 6-22 所示。“节目：榜样”窗口中光晕运动路径如图 6-23 所示。

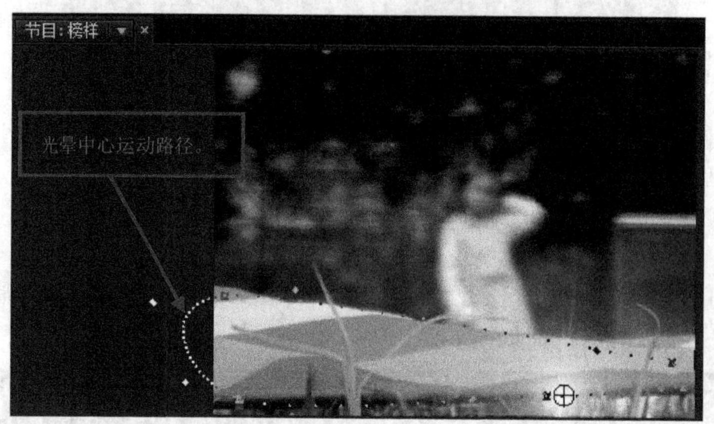

图 6-23 “节目：榜样”窗口中光晕运动路径

做一做

改变镜头光晕的类型，观察一下效果是否更好。

6.3.3 制作“放大与倒放”特效

小女孩看着远处心爱的风筝，抬起脚准备跨入，但又害怕踩伤小草，放大脚步显示小女孩准备去，倒放此段视频，显示小女孩怕踩伤小草，此特效显示小女孩“去还是不去”的犹豫心情，如图 6-24 所示。

图 6-24　效果展示

步骤一：选中时间线中的第四个素材片段，将效果面板中的“视频效果/扭曲/放大”特效拖到该素材片段上，设置其参数如图 6-25 所示，效果如图 6-26 所示。

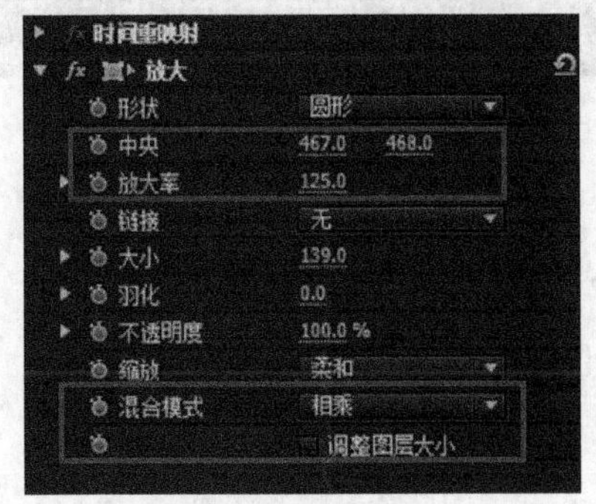

图 6-25　参数设置

图 6-26　效果

步骤二：在时间线面板上选中该片段右边的渐隐过渡效果，按 Delete 键将其删除，如图 6-27 所示。

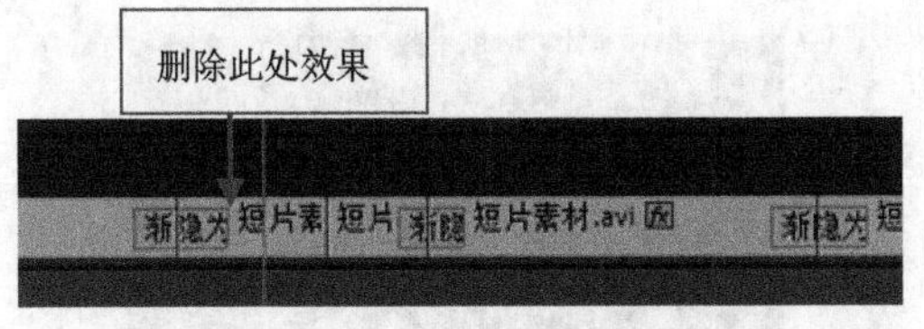

图 6-27　删除渐隐过渡效果

步骤三：选中此片段，按快捷键 Ctrl＋C 复制该片段，将光标移到该片段的结束处，按快捷键 Ctrl＋V 粘贴到此处，形成两个完全一样的片段，如图 6-28 所示。

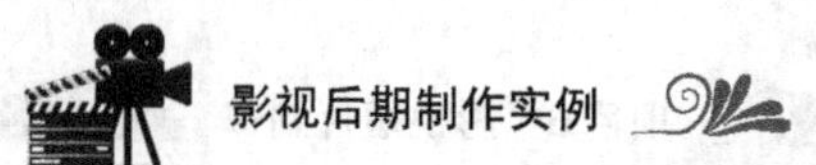

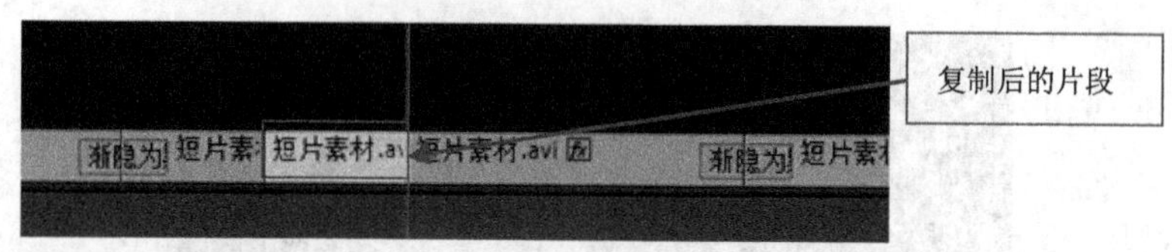

图 6-28　复制片段

步骤四：选中此片段并右击，在弹出的快键菜单中执行“速度/持续时间”命令（快捷键 Ctrl+R），在弹出的对话框中输入速度“100%”，勾选“倒放速度”选项，如图 6-29 所示，此时该素材片段的时间线显示如图 6-30 所示。

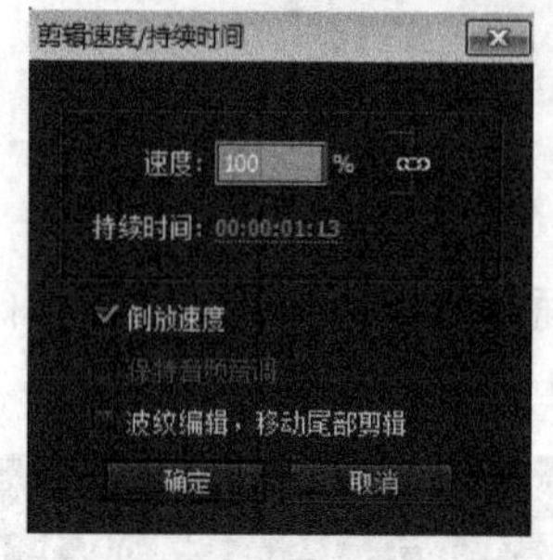

图 6-29　勾选“倒放速度”选项

图 6-30　时间线上的显示

问题

时间线上的“[－100%]”是什么意思？

6.3.4　制作“重影”特效

小女孩看到大姐姐在草地中走来走去地拍照，心想那块“小草也有生命，请勿践踏”的告示牌，难道大姐姐没看见，还是告示牌上的说法都是骗人的？添加重影（图 6-31）表现这两种想法在她头脑中翻滚着……

图 6-31　效果展示

步骤一：选中时间线上的“第六个短片素材”，如图6-32所示。

图6-32 选中“第六个短片素材”

步骤二：选中“效果/视频效果/模糊与锐化/重影”特效，拖到该素材片段中（或直接拖到该素材的“效果控件”面板中），该特效没有参数，直接可看到效果，如图6-33所示。

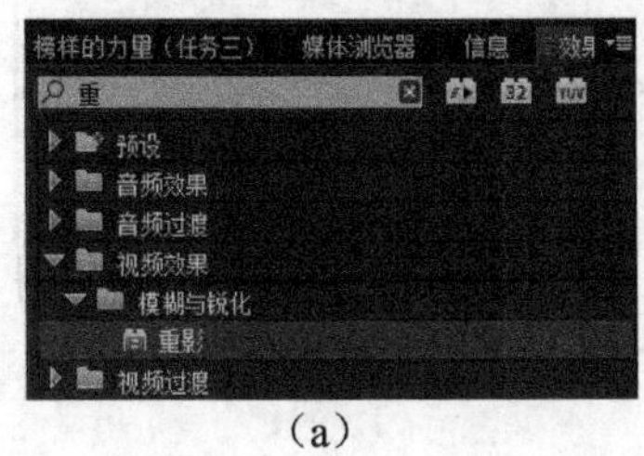

（a）

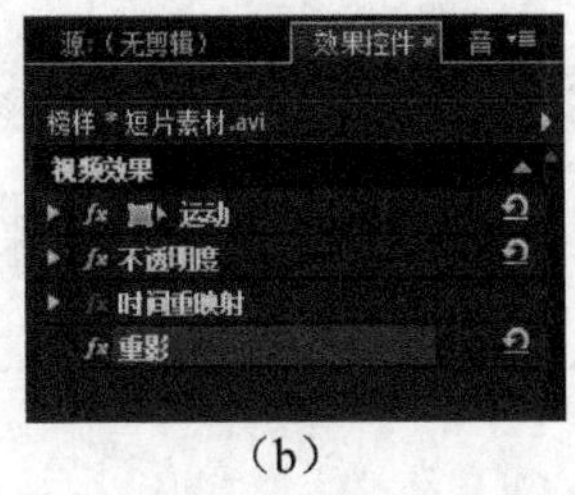

（b）

（c）

图6-33 设置“重影”特效

问题

重影是将哪两段视频叠加在一起的？

提示：换一段视频添加重影，你将会发现重影的内涵。

【任务测试】

仿照本任务添加特效的方法和步骤，给视频的最后一个素材片段添加如图6-34所示的“画中画”效果，并写出添加理由。

图6-34 效果展示

任务 6.4　龙头凤尾
——片头片尾制作

【工作任务】

好的影片都有一个奇思妙想的片头和一个让人回味无穷的片尾。本任务利用 Adobe After Effects CC 完成片头和片尾的制作。

【任务目标】

1．掌握 Adobe After Effects CC 制作片头的思路和流程。

2．学会动感光带的制作。

3．学会运用摄像机运动代替图片运动产生 3D 效果。

4．学会运用粒子效果制作文字爆炸动画。

6.4.1　分析制作目标

观看片头样片（彩图 29）和片尾样片（彩图 30），观察片头、片尾内容是否与影片正文有联系。

问题

片头中向前运动的透视光芒带象征着什么？

提示：向前运动的透视光芒表示无论时光如何流逝，人们爱护环境、懂礼貌的优良品质永远存在。不经意的一个人、一个动作、一件事，在别人心中都会留下痕迹，特别是对下一代更是有着重要影响。本故事讲述的是坏榜样对下一代孩子的影响，借此影片告诫成人要时刻注意自己的一言一行，力争做到随时发挥好榜样的力量……

6.4.2　片头制作

1．制作透视光芒

步骤一：启动 Adobe After Effects CC 软件，新建一个制式为“PAL_D1/DV”、帧率为“25、持续时间为“5 秒”的合成。

步骤二：按快捷键 Ctrl＋Y 新建一个纯色层，命名为“背景”，颜色任意，给纯色层添加“梯度渐变”效果，结束色的 RGB 为（125，5，5），“梯度渐变”面板如图 6-35 所示，效果如彩图 31 所示。

步骤三：按快捷键 Ctrl＋Y 新建一个纯色层，命名为“光束”，颜色任意，给光束层添加“效果/生成/单元格图案”特效，参数设置如图 6-36 所示，设置单元格图案中的“演化”参数 0 秒处为“0*x*＋0.0”，4 秒处为“7*x*＋0.0”。

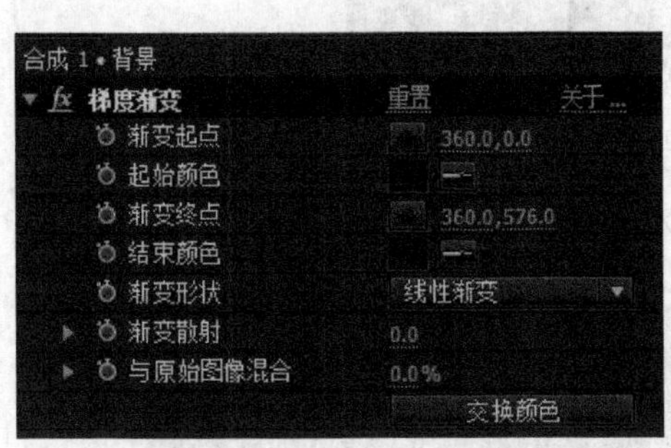

图 6-35　“梯度渐变”面板

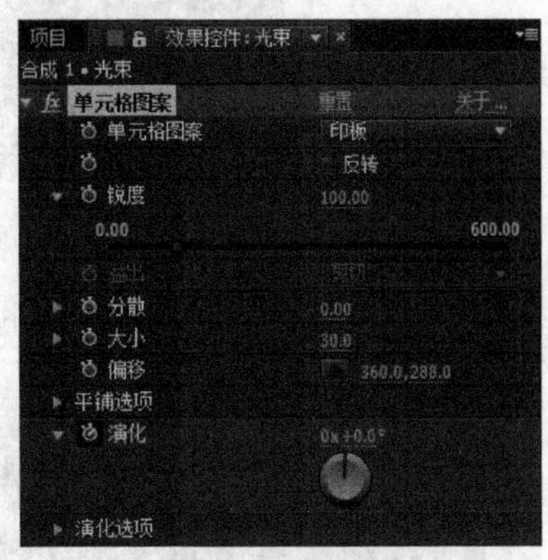

图 6-36　参数设置

步骤四：给光束层添加“亮度与对比度”和“快速模糊”效果，设置亮度为“−40”，对比度为“100”，模糊度为“12”。特效如图 6-37 所示，效果如彩图 32 所示。

步骤五：给光束层添加“发光”效果以增强光效。执行“效果/风格化/发光”命令，设置发光强度为“5.0”，发光颜色为“A 和 B 颜色”，A 的颜色 RGB（0，234，255），B 的颜色 RGB（10，0，255），参数如图 6-38 所示，效果如彩图 33 所示。

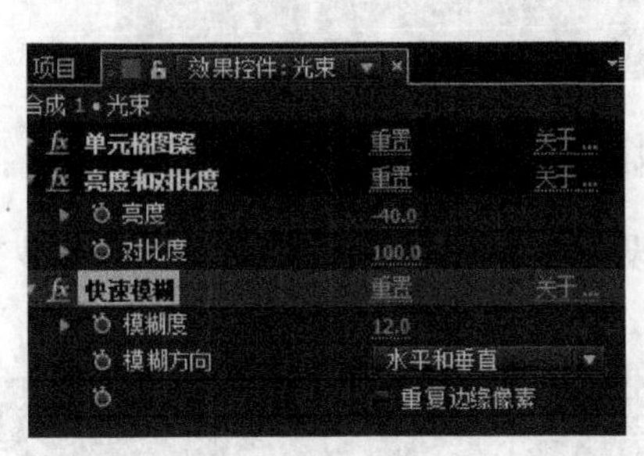

图 6-37　特效设置

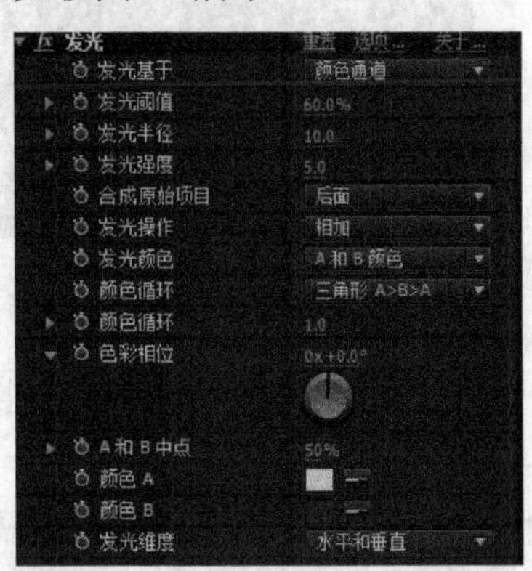

图 6-38　发光效果参数设置

步骤六：打开所有层的三维开关，将光束层的模式改为“叠加”，并给光束层添加一个矩形遮罩，设置遮罩的羽化值为（100，100），扩展值为“200”，层面板如图 6-39 所示，效果如彩图 34 所示。

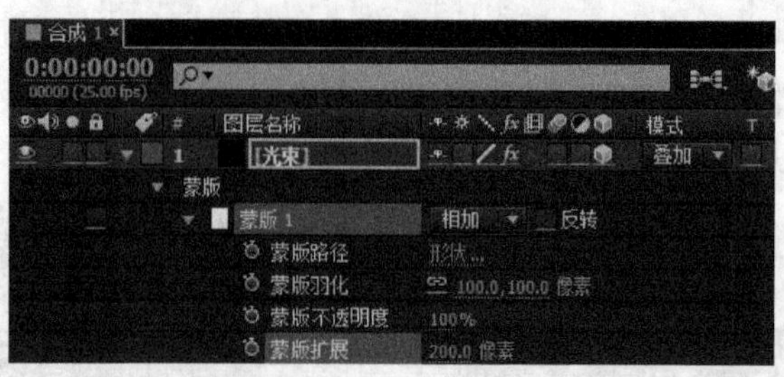

图 6-39 层面板

步骤七：新建一个摄像机图层，设置其焦距为 15mm，如图 6-40 所示。

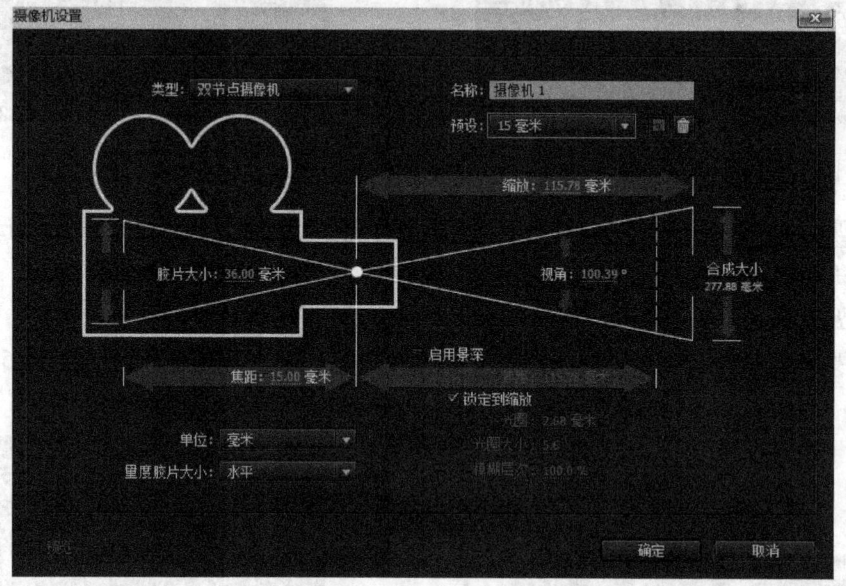

图 6-40 新建摄像机图层

步骤八：选择光束层，选择“变换”选项卡，设置 0 秒参数如图 6-41 所示，5 秒参数如图 6-42 所示。

变换	重置
锚点	195.9,320.0,-10.0
位置	360.0,296.0,-207.0
缩放	2000.0,100.0,100.0
方向	0.0°,0.0°,90.0°
X 轴旋转	0x+0.0°
Y 轴旋转	0x+75.0°
Z 轴旋转	0x+0.0°

图 6-41 0 秒参数设置

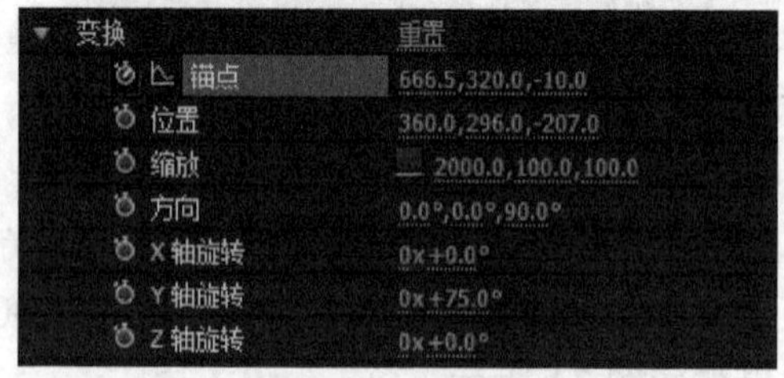

图 6-42 5 秒参数设置

步骤九：设置光线逐渐消失动画。在4秒处，设置光束层的透明度为“100%”，5秒处的透明度为“0%”，预览动画如彩图35所示。

2. 制作图片运动效果

步骤一：新建一个制式为“PAL_D1/DV”、帧率为“25”、持续时间为“5秒”的合成，并命名为“运动图片”。

步骤二：导入“项目6/任务6.3”文件夹中的五张图片素材到项目面板中，将图片素材按图6-43的方式放入“运动图片”合成的时间线上。

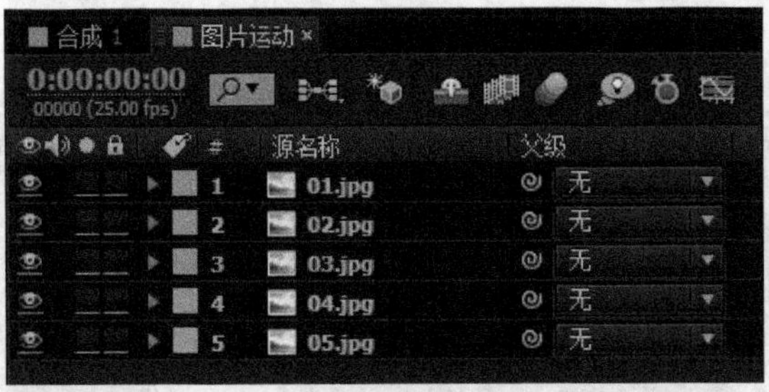

图6-43　将运动图片放入时间线上

步骤三：选择所有图层，打开所有图层的三维开关，按P键，选择所有图层的“位置”选项，设置每个图层的位置 Z 轴如图6-44所示。

图6-44　设置图层的位置 Z 轴

步骤四：新建一个摄像机图层，预设值为“15mm”，其余默认。将“视图布局”改为两个视图显示，彩图36是顶部视图，彩图37是活动摄像机视图。

步骤五：在顶部视图中设置摄像机运动，给摄像机的“目标点”和“位置”加上关键帧，如图6-45所示。设置0秒时如彩图36所示，4秒时如彩图38所示，完成摄像机向Z轴纵向推进的动画。

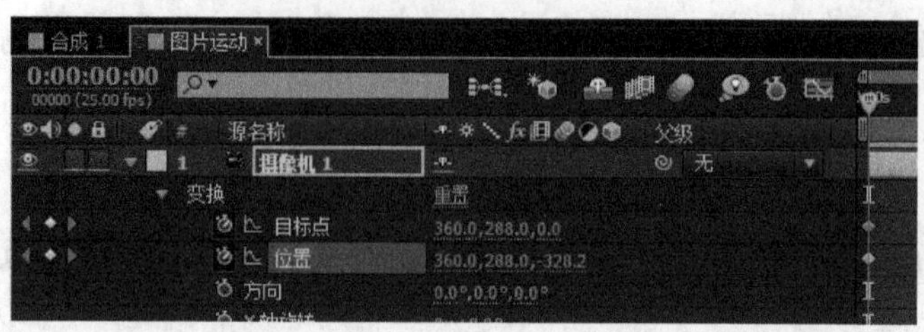

图 6-45 给摄像机的“目标点”和“位置”加上关键帧

步骤六：单击预览按钮▶，可见到所有图片从远处运动而来的动画，图 6-46 所示是 3 秒时的动画效果场景。

图 6-46 3 秒时的动画效果场景

3. 合成效果制作

步骤一：返回“合成 1”时间线，从项目面板中将“图片运动”合成拖到“合成 1”时间线的摄像机图层下，如图 6-47 所示。

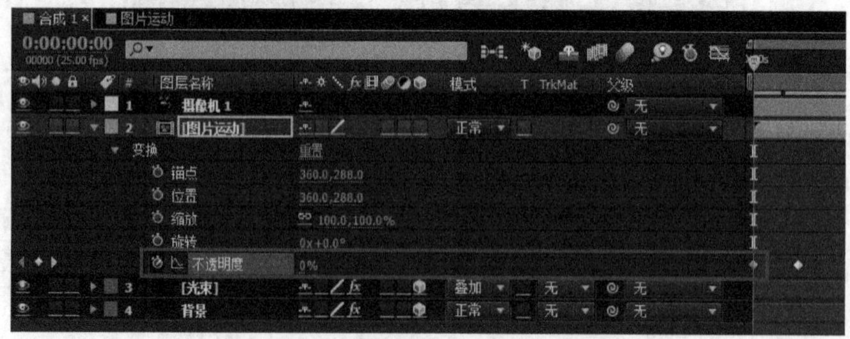

图 6-47 将“图片运动”合成拖到摄像机图层下

步骤二：展开“图片运动”合成的变换选项，在 0:00:00:00 处设置其“不透明度”值为“0%”（图 6-47），0:00:00:15 处值为“100%”。

步骤三：单击预览按钮▶，可见到红光向远处运行，图片从远处运动而来的动画，彩图 39 是 0:00:01:13 处的动画效果场景。

1）将本例中的透视光芒改成绿色或其他颜色。

2）不使用摄像机，直接利用图片运动完成图片从远到近的运动。

6.4.3 片尾制作

设计理由如下。

根据片头效果，观众心里会产生一个概念：后面的影片应该是讲“爱护小草”方面的公益片，看完影片后，确实是有关“爱护小草”的话题，但这只是本片的表面含义，更深层的含义应该是“成人的不良行为对下一代孩子的影响”。

片尾出现本片的题目：榜样。文字出现方式采用 “先出现文字‘榜样’，再粉碎飞落”，含义是“成人的不良行为将小孩所受到的良好教育‘爱护小草’观念打成粉碎。这就是坏榜样的力量，不经意的一个行为毁灭一代新人”。

1. 新建合成，导入素材

步骤一：启动 Adobe After Effects CC 软件，新建一个名称为“片尾”、制式为“PAL_D1/DV”、帧率为“25”、持续时间为“5 秒”的合成。

步骤二：按快捷键 Ctrl+I，导入“项目 6\任务 6.3\榜样.psd”文件，导入为合成文件，导入后项目面板如图 6-48 所示。

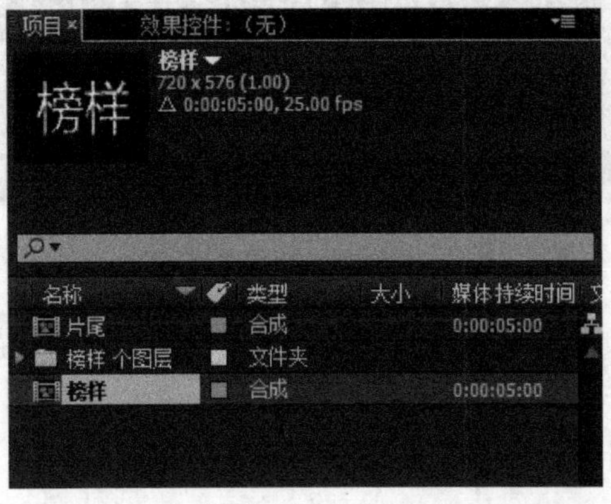

图 6-48 导入合成文件后的项目面板

提示：放大显示“榜样”文字（图 6-49），可看见如图 6-60 所示榜样是由很多“人”组成的，意即“人人是榜样，人人学榜样”。

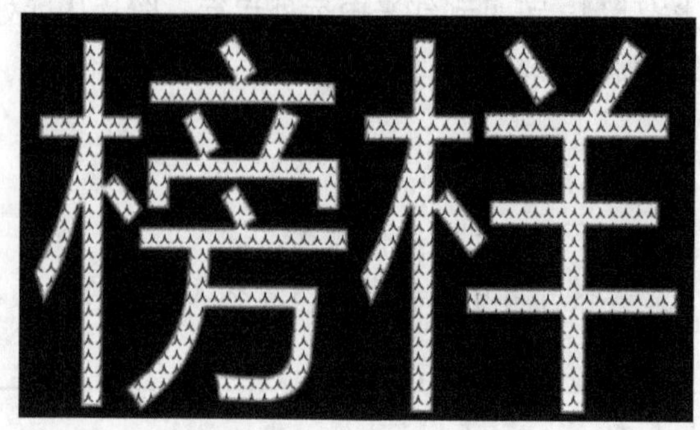

图 6-49　放大显示“榜样”文字

2. 制作文字粉碎效果

步骤一：将项目面板中的合成文件“榜样”拖入时间线面板中，给合成文件榜样添加“模拟/碎片”特效，将当前帧定位在 0:00:01:00 处，设置视图为“已渲染”，图案为“星形及三角形”，给“作用力 1”的“位置”加关键帧，并设置位置如图 6-50 所示。

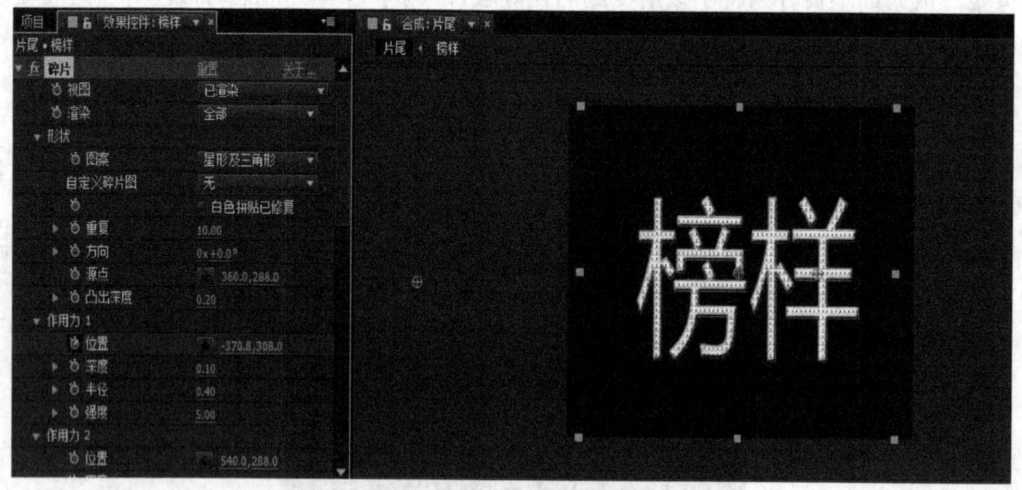

图 6-50　设置位置

步骤二：将当前帧定位于 0:00:03:00 处，将“作用力 1”的位置点放在合成面板的右侧，如图 6-51 所示。

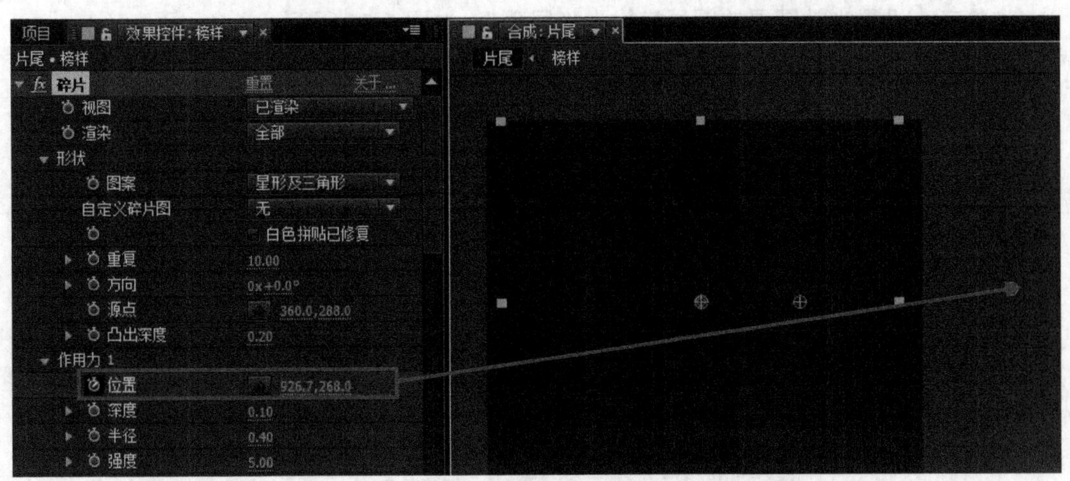

图 6-51　将“作用力 1”的位置点放在合成面板右侧

3. 光效制作

步骤一：按快捷键 Ctrl＋Y 新建一个名称为“光效”的黑色纯色层，给该纯色层添加一个“效果/生成/镜头光晕”特效，设置其镜头类型为“105 毫米定焦”，0:00:01:00 处“光效中心”的位置在“榜样”两个字的左侧，并给光晕中心添加关键帧。参数设置如图 6-52 所示，效果如图 6-53 所示。

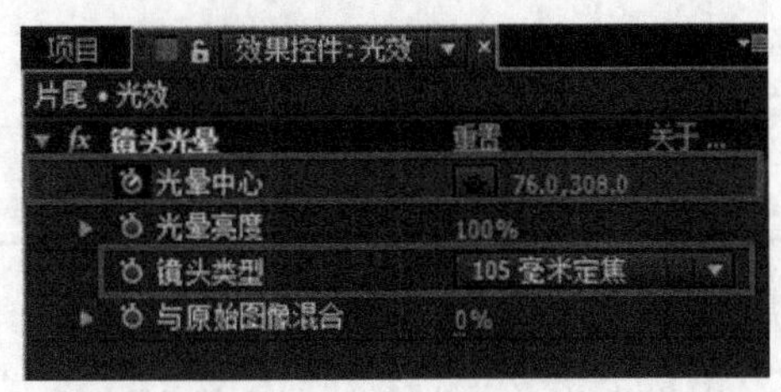

图 6-52　“镜头光晕”参数设置

图 6-53　效果

步骤二：将当前帧定位于 0:00:02:11 处，更改光晕中心的位置到“榜样”两个字的右侧。参数设置如图 6-54 所示，效果如彩图 40 所示。

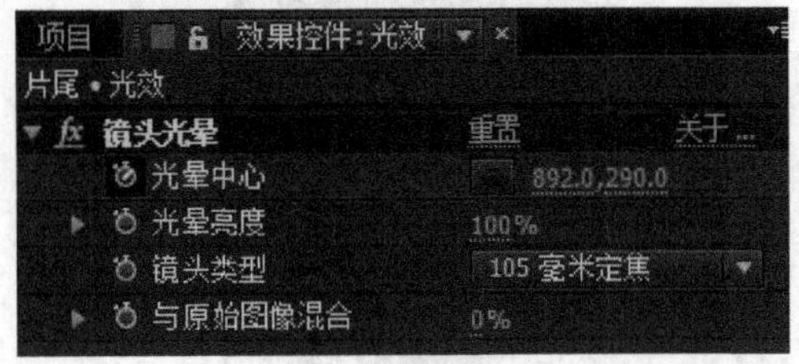

图 6-54　参数设置

步骤三：设置光效图层的图层模式为“屏幕”，如图 6-55 所示。

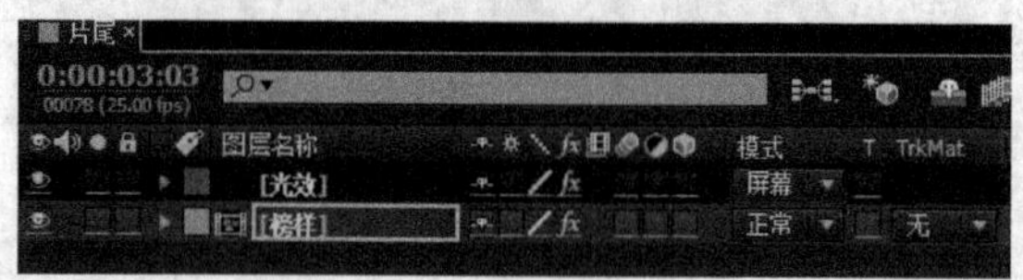

图 6-55　设置光效图层的图层模式为“屏幕”

4. 保存文件

按快捷键 Ctrl＋S 保存文件，执行“文件/整理工程（文件）/收集文件”命令，收集文件所有素材，如图 6-56 所示。

图 6-56　收集文件所有素材

做一做

利用本任务的同一粒子滤镜“碎片”，制作由碎片汇集成文字的动画。

【任务测试】

利用本任务的技术再创意一个 8 秒的片头和 5 秒的片尾。

【知识链接】

经典片头、片尾欣赏

利用课余时间欣赏《怪物史莱克 3》（图 6-57）的片头片尾，学习其中的创意思维。

图 6-57　《怪物史莱克 3》截图

任务 6.5　短片生成
——影片合成输出

【工作任务】

影片合成是将片头片尾与短片主体利用影视连接技术连接在一起，并加上音乐音效，形成一个图文并茂、音像合一的影视成品。本任务利用 Adobe Premiere Pro CC 完成 Adobe After Effects CC 制作的片头、片尾合成在一起，并加上音乐音效，输出为一个影视作品。

【任务目标】

1．掌握在 Adobe Premiere Pro CC 中导入 Adobe After Effects CC 的合成文件方法。

2．学会添加音乐音效。

3．掌握影视作品的常见输出方法。

6.5.1　分析制作目标

影片合成输出的效果如彩图 41 所示。

问题

样片与任务 6.2 与任务 6.3 的样片相比，哪个可观赏性更强？

6.5.2　合成片头片尾

1. 找到源文件

启动 Adobe Premiere Pro CC，打开“榜样的力量（任务 6.3 完成文件）.prproj”文件，可以看到加了转场效果和视频特效的 Adobe Premiere Pro CC 源文件。

2. 导入片头文件

步骤一：按快捷键 Ctrl＋I 打开导入文件路径窗口，如图 6-58 所示，选择“片头.aep”，单击“打开”按钮。

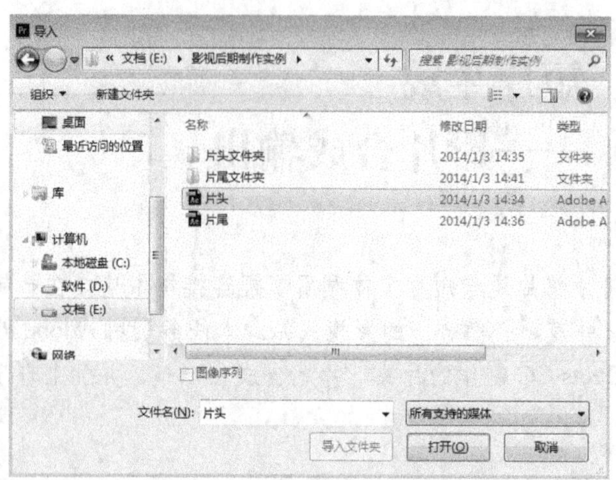

图 6-58　导入文件路径窗口

步骤二：在弹出的“导入 After Effects 合成”对话框中选择“合成 1”，如图 6-59 所示，单击“确定”按钮即可导入“片头.aep”到项目面板中，项目面板如图 6-60 所示。

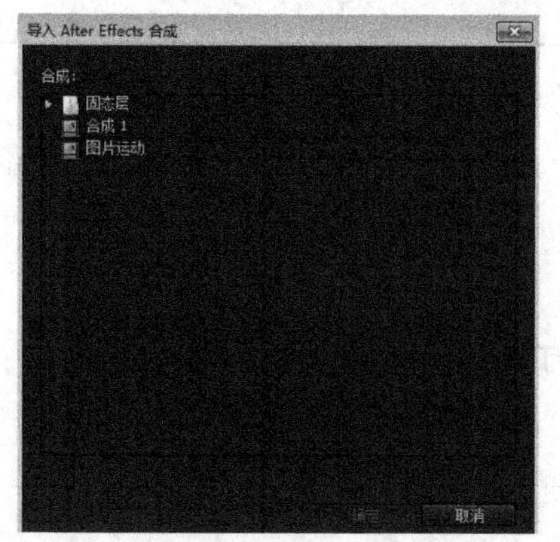

图 6-59　“导入 After Effects 合成”对话框

图 6-60　导入后的项目面板

3. 将片头文件中的“合成 1”加入时间线中

步骤一：双击项目面板中的“合成 1/片头.aep”，可在预览窗口中显示“合成 1”的内容，将入点和出点定位在影片的开始点和结束点。

步骤二：将播放头定位在时间线的 00:00:00:00 处，单击源窗口中的插入按钮，将“合成 1”中的所有内容插入时间线的最前面，插入时间线面板如图 6-61 所示。

图 6-61　插入时间线面板

4. 导入片尾文件

步骤一：按快捷键 Ctrl＋I 在导入文件路径窗口选择“片尾.aep”文件，单击“打开”按钮。

步骤二：在出现的“导入 After Effects 合成”对话框中选择“片尾”，如图 6-62 所示，单击“确定”按钮即可导入“片尾.aep”到项目面板中，项目面板如图 6-63 所示。

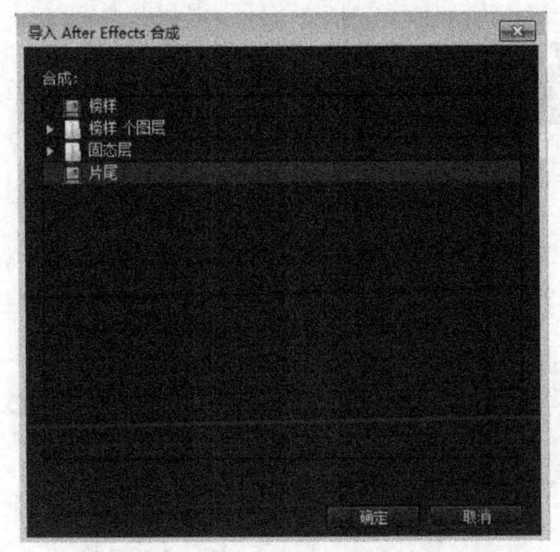

图 6-62　选择“片尾”

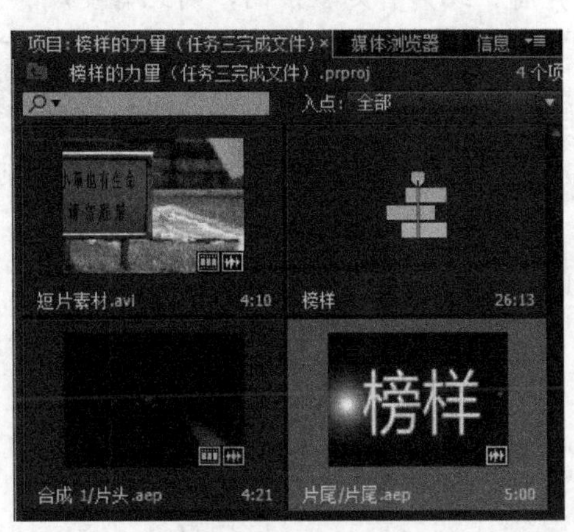

图 6-63　项目面板

5. 将片尾文件加入时间线中

在时间线上按 End 键，将当前帧定位到最后一帧，双击项目面板上的“片尾/片尾.aep”素材，先预览，再单击 将该素材插入片尾处，则时间线面板如图 6-64 所示。

图 6-64　将素材插入片尾处

6. 添加过渡效果，使片头片尾与影片完美结合

执行“效果/视频过渡/溶解/渐隐为黑色”命令，给片头片尾添加“渐隐为黑色”的渐变过渡效果，使之与影片完美结合，时间线面板如图 6-65 所示。

图 6-65　添加“渐隐为黑色”渐变过渡效果

7. 取消片头片尾的音乐

选中片头并右击，在弹出的快捷菜单中执行“取消链接”命令，选中声音，按 Delete 键删除。再按同样的方法，删除片尾处的声音。此时，时间线如图 6-66 所示。

提示：导入 Adobe After Effects CC 的合成文件时，不管有没有声音，系统都会默认为有声音，此声音是多余的，因此需要删除。

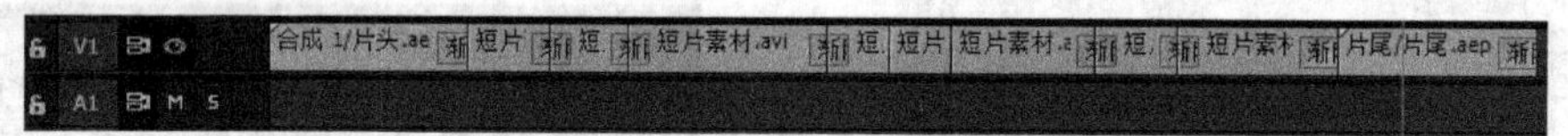

图 6-66　删除片头片尾的音乐

问题

如果在计算机中删除了片头片尾所附带的素材文件夹，会出现什么样的情况？

做一做

在 Adobe After Effects CC 中将片头片尾导出 AVI 文件，再将 AVI 文件导入 Adobe Premiere Pro CC 中，这样做是不是更好？

6.5.3　添加背景音乐和音效

步骤一：添加主音乐，本短片中的主角小女孩一直处于去和不去捡风筝的心理斗争下，所以选择了表现心理紧张的音乐。按快捷键 Ctrl+I 导入配套素材中的“Fah Zakpon.mp3”音乐，按住此音乐素材，将其拖到 A1 音轨上，并将此音乐与短片正文对齐，如图 6-67 所示。

图 6-67　添加主音乐

步骤二：根据本短片的分镜头的设计要求，此处主要添加视频特效的音效，具体情况如表 6-3 所示。

表 6-3 视频特效的音效

特 效 名	音 效
镜头光晕	光效.wav
重影	重影.mp3
放大与倒放	收脚.wav
下定决心，走进草地	走进草地 1.mp3

步骤三：选中“光效.wav”音效素材，将其拖到 A2 音轨上，并调整其位置与“镜头光晕”特效片段对齐。

提示：若音效时间太短，可以重复使用一次，以加强效果

步骤四：按步骤三的方法将“重影.mp3”、“收脚.wav”和“走进草地 1.mp3”加入 A2 音轨上，并与相应的特效对齐，最后的时间线面板如图 6-68 所示。

提示：“重影.mp3”和“走进草地 1.mp3”音效太长，利用剃刀工具将其剪断，并删除右边的部分。

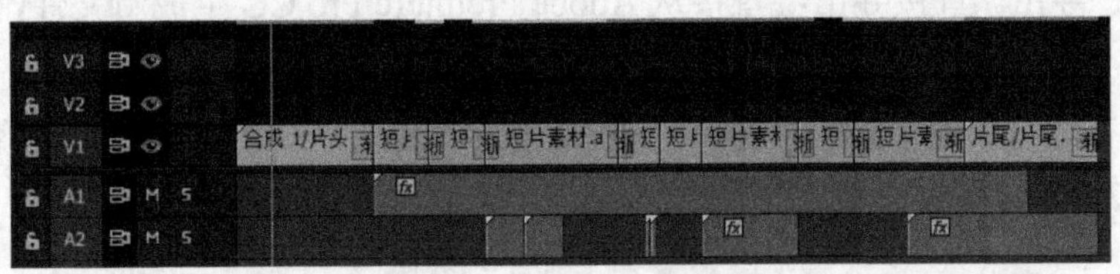

图 6-68 时间线面板

步骤五：添加片头音乐，将播放头移到 0 帧处，按快捷键 Ctrl+I 导入配套素材中的“音乐/片头音乐精粹.mp3”到项目面板中。双击该音乐素材，在预览窗口中试听，选取 00:00:00:00～00:00:05:00 段音乐，按覆盖插入按钮，将该段音乐加入 A1 音轨处。

步骤六：添加音乐过渡效果，使各段音乐之间自然过渡。执行“效果”面板下的“音频过渡/交叉淡化/恒定功率”命令（图 6-69），将此音频效果拖到两个音乐片段的交接处，如图 6-70 所示。

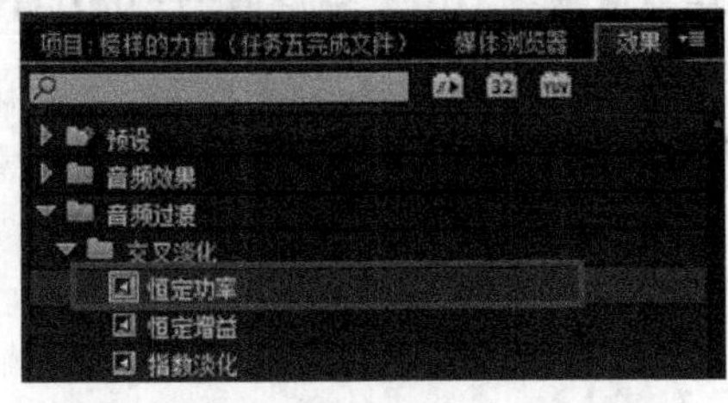

图 6-69 “恒定功率”过渡效果

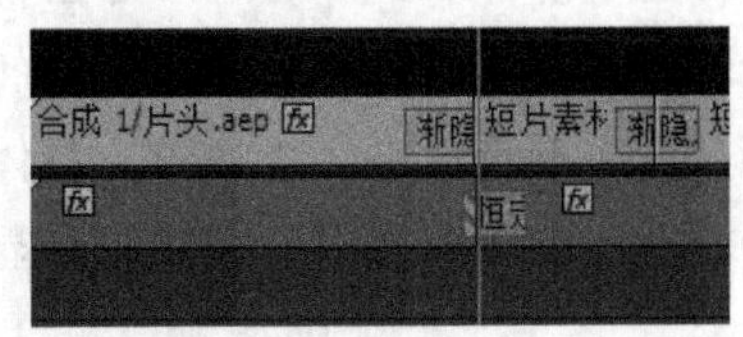

图 6-70 将音频效果拖到两个音乐片段交接处

做一做

依照步骤一至步骤六的方法，给其他各音效之间、开始和结尾处加上“恒定功率”过渡效果。完成后时间线如图 6-71 所示。

图 6-71　完成“恒定功率”过渡效果后的时间线

听一听

加完“恒定功率”过渡效果后听一听与未加之前在音乐过渡有什么不同。

6.5.4　渲染输出

导出文件是为了对影片做进一步编辑，Adobe Premiere Pro CC 支持直接导出和 Adobe Media Encoder 导出。直接导出会直接从 Adobe Premiere Pro CC 生成新文件，Adobe Media Encoder 导出会将文件发送到 Adobe Media Encoder 进行渲染。

步骤一：在项目面板中选中“榜样”序列，执行“文件/导出/媒体”命令（快捷键 Ctrl+M），如图 6-72 所示。

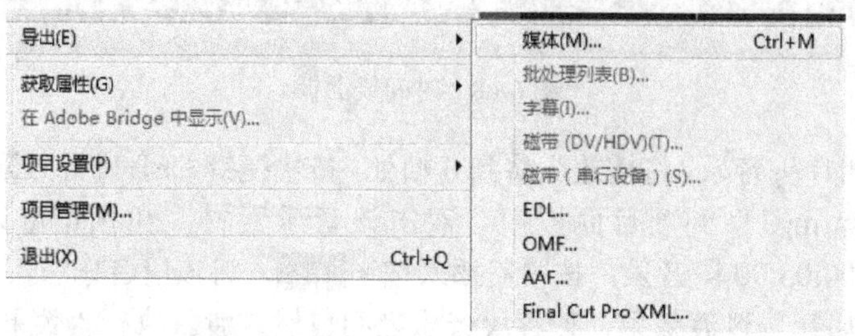

图 6-72　执行“文件/导出/媒体”命令

步骤二：在弹出的“输出设置”对话框中设置输出格式为“AVI”，预设值为“PAL DV”，输出名称为“榜样.avi”，勾选“导出视频”和“导出音频”。

步骤三：设置输出的入点为“00:00:00:10”，输出的出点为“00:00:31:15”，即将整个视频都输出，不是输出一个片段，具体设置如彩图 42 所示。

步骤四：单击“导出”按钮，则显示导出“编码-榜样”对话框，如图 6-73 所示。

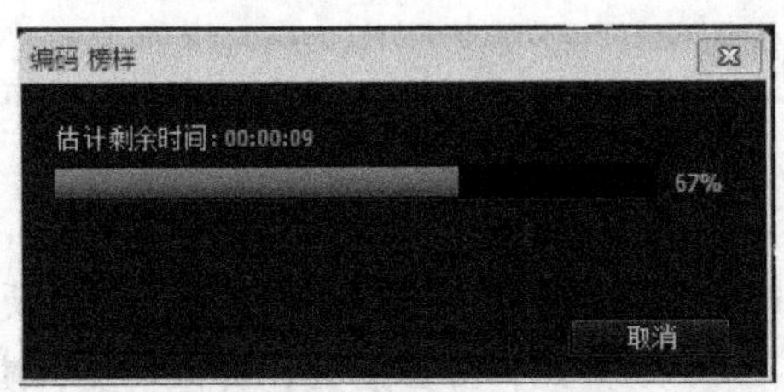

图 6-73 “编码-榜样”对话框

问题

1. 输出文件“榜样.avi”的文件在哪个文件夹里？

2. 输出文件和项目文件的位置存储有没有关系？

3. 在“导出设置”对话框中的“输出名称”处更改输出文件的路径和名称。

【任务测试】

删除本任务中的音乐和音效，再添加新的音乐和音效来表现小女孩的另一种心情。

知识窗

导出视频和音频文件的工作流程

1）在时间线面板或节目监视器中，选择序列或者在项目面板、源监视器或素材箱中，选择剪辑。

2）执行“文件/导出/媒体”命令，Adobe Premiere Pro CC 即会弹出“导出媒体”对话框。

在“导出设置”对话框中，指定要导出的序列或剪辑的“源范围”。拖动工作区域栏上的手柄，单击“设置入点”按钮 和“设置出点”按钮◿◺。

3）选择所需的导出文件格式。

4）自定义导出选项，请单击某一选项卡（如“视频”、“音频”）并指定相应的选项。

① 单击“队列”按钮。Adobe Media Encoder 即会打开，且编码作业已添加到其队列中。

② 单击“导出”按钮。Adobe Media Encoder 会立即渲染和导出相应项目。

默认情况下，Adobe Media Encoder 将导出的文件保存在源文件所在的文件夹中。Adobe Media Encoder 会将指定格式的扩展名附加到文件名末尾。可以为各种类型的导出文件指定监视文件夹。

【知识链接】

《英雄》的遗憾

著名电影导演张艺谋的力作《英雄》（图 6-74）自开拍起便引起广泛关注，该片耗资3000万美元，场面宏大，制作精良，演员阵容强大，制作班底逾100人，以金山、雅丹地、敦煌古城、九寨沟等地为外景地。

图 6-74 《英雄》截图

《英雄》在中国电影史上的几个第一：

1) 使得国产电影的票房第一次在本土打败了进口的电影(主要指好莱坞电影)。

2）第一次打破了不合理的票房分配制度，提高了国产片投资方的票房分配比例，从而增强了投资方的投资信心和积极性。

3）打破了电影音像版权的单方垄断，使得音像版权的价格上升了几十倍。

4）第一次使中国电影在北美市场战胜了好莱坞大片，连续两周成为北美的票房冠军。

但就是这样一个大片，电影《英雄》还是有一个小小的遗憾——少拍了一个镜头。下面是张艺谋导演的反思。

《英雄》中我犯了一个低级错误——少拍了一个镜头。只要再多拍 30 秒，影片就会完全不同。我在拍摄时都想到了，就是在秦王宫大殿，原来是一个大臣对秦王说："大王杀！"我很喜欢那种大殿空空的感觉。后来看样片，陈道明说："导演，这个好像没气氛，没意思啊！"我想想也是："那咱们就调几百人！"过了几天，专门叫陈道明回来把那场戏重拍了一遍。我们从干休所拉了 800 名老干部来演大臣，800 人齐声喊："大王杀，大王杀！"气氛一下子就上来了。后来补完了，副导演问我："导演就补这个吗？还有别的方案吗？"我当时脑子转了一下，又放弃了："算了，不补了！"

我当时想的其实是另外一个方案，就那 30 秒："大王杀，大王杀！"万箭齐射，无名死在宫门口，秦王两眼落泪。突然，800 名大臣哈哈大笑，全体向秦王鞠躬："恭喜大王，又躲过一劫！"秦王笑而不答，但是眼中仍带着泪，只说了一句："厚葬！"。我后来回过头再想，这个镜头很特别，说明秦王终究还是个枭雄啊。"恭喜大王，又躲过一劫！"这是什么意思呢，就等于说，所有这些都可能是一个套。秦王知道自己躲不过这一剑，那么怎么躲？就只能以侠制侠。政治是政治，人是人。枭雄，就有意思了。可惜，我当时陕西人的那种"一根筋"出来了，满脑子都是英雄，根本容不得别的想法。如果加上这个镜头，我相信所有对我这种意识形态的批判，全都一风吹散了。

项 目 测 试

一、理论测试

1．在影视制作中常用到景别术语，景别一般可分为________、________、________、________、________和________。

2．摄取人物小腿以上部分的镜头，俗称“七分像”的景别是________景。

3．从腰部到头的景致，俗称“半身像”，指________景。

4．分镜头脚本的作用主要表现在三个方面：一是________，二是________，三是________。

5．Adobe After Effects CC 中添加“碎片”粒子效果在________主菜单下的________子菜单。

二、技能测试

1．将本任务短片输出为移动设备所用视频格式 MPEG。

2．制作一个有关“爱护水资源”的环保片头和片尾。

参 考 文 献

刘峰，吴洪兴，赵博．2013．数字影视后期制作．北京：中国广播电视出版社．

新视角文化行．2008．典藏——After Effects CS3 影视后期特效制作完美风暴．北京：人民邮电出版社．